我的第一本编程书

玩转 Scratch

李尤◎编著

U0363023

机械工业出版社
CHINA MACHINE PRESS

作为目前流行的编程工具之一，Scratch 是一个强大的可视化编程平台，其丰富的学习环境适合所有年龄段的用户，尤其是想象力丰富且爱好广泛的青少年人群。它可以用来制作交互式程序及多媒体项目，包括动画、音乐、报告、科学实验、游戏和模拟程序等。本书意在以 Scratch 为平台，在展示其强大功能的同时，教会读者最基本的编程概念和编程思路，并能够使用 Scratch 完成各种编程项目。

本书共 12 章，第 1 章总体介绍了 Scratch 的特点、概念，以及如何使用该工具，第 2 ～ 11 章讲解了场景、绘画、声音、计算和列表等元素的概念及应用实例，第 12 章讲述了 Scratch 的硬件连接。在讲解概念和元素的前 11 章里，每一章都以作者教学中经历过的实际课堂场景为背景，读者在阅读过程中如同亲身参与课堂学习，生动有趣。同时本书包含许多完整的应用实例，并配有视频讲解可供下载，读者可在掌握这些实例操作的基础上制作出许多类似的程序，还可以在这些实例中根据自己的思路添加很多新的元素，让程序变得更丰富、更完美。

本书可作为没有任何编程基础的青少年的 Scratch 自学教程，也可作为中小学或少儿培训机构及学生家长的编程辅导教材。

图书在版编目（CIP）数据

我的第一本编程书：玩转 Scratch / 李尤编著．—北京：机械工业出版社，2019.7
ISBN 978-7-111-62972-6

Ⅰ．①我⋯　Ⅱ．①李⋯　Ⅲ．①程序设计－少儿读物　Ⅳ．① TP311.1-49

中国版本图书馆 CIP 数据核字（2019）第 114819 号

机械工业出版社（北京市百万庄大街 22 号　邮政编码 100037）
策划编辑：孙　业　　责任编辑：孙　业　赵小花
责任校对：张艳霞　　责任印制：张　博

北京东方宝隆印刷有限公司印刷

2019 年 7 月第 1 版 · 第 1 次印刷
184mm×260mm · 11.5 印张 · 284 千字
0001－3000 册
标准书号：ISBN 978-7-111-62972-6
定价：79.00 元

电话服务　　　　　　　　　　　网络服务
客服电话：010-88361066　　　　机 工 官 网：www.cmpbook.com
　　　　　010-88379833　　　　机 工 官 博：weibo.com/cmp1952
　　　　　010-68326294　　　　金 书 网：www.golden-book.com
封底无防伪标均为盗版　　　　机工教育服务网：www.cmpedu.com

推荐序一

　　未来是人工智能（AI）的时代，现在我们都应该去思考如何最大限度地利用 AI 实现智能教学，帮助学生更加有效地学习，而 Scratch 就是这样一个不错的启发青少年智力的工具。

　　李尤编写的《我的第一本编程书：玩转 Scratch》是一本对青少年成长十分有益的素质教育类书籍。书中不仅阐述了丰富的少儿编程知识，还包含了很多编程实例，能够帮助小读者们迅速融会贯通。本书倾注了作者对少儿编程教育的思考，展现了真实培训课堂上的师生互动过程，更有益于读者理解书中所讲的技术理念和意义。

　　李尤是一位专业技术管理者，同时也是一位家长以及优秀的素质教育导师。学校的学科教育和素质教育并不冲突，我们提倡学科教育素质化。希望老师们可以把更多的时间用来启迪学生的思维，去跟学生共同探讨问题，这样更有利于学生的身心成长。

　　我推荐这本书给大家。

何　强

　　三好网创始人兼 CEO、前巨人教育副总裁、京翰教育联合创始人、连续创业者、民进中央教育委员会委员、北大青年 CEO 俱乐部执行理事、中国未来研究会文化经济专委会副主任、中国民办教育协会培训教育专委会副理事长，行业深度著作《"互联网 +"重构教育生态》、新时代家庭教育畅销书《屏幕社交时代家长如何与孩子交流》作者，拥有 16 年的教育行业从业经验。

推荐序二

看完这本书，让我想起了韩国漫画《幻想数学大战》，那曾经是很火的一本少儿科普书。

为孩子们写一本软件教材，它的难度应该是非常大的，无论你是多么专注和热爱编程的码农，引导几岁的孩子在键盘上享受编程的快乐，与自己写代码毕竟是两回事。因为不仅要自己精通，还要作者具有化繁为简的能力。而化繁为简，不仅是技术问题，还需要作者对孩子有着无比的喜爱。

中国当代教育正在努力塑造一个培养学生创造力的环境。通过软件教育，让孩子们享受自己的创造力，欣赏自己的成果，它的效果是潜移默化的，而且超越了简单的技艺。也许对于他们来说，编程将会成为一种生活方式，并且乐此不疲。感谢作者对孩子们的这种更具价值的思维启蒙。

马 博

中国科学院自动化研究所数字内容技术与服务研究中心资深架构师

前　言

本书为谁而写

本书是为两类人群准备的，其中最主要的一类是 Scratch 的初学者，包括中小学在校生和相关从业人员，另外一类是学校和培训班的教师以及学生家长，以作为他们的辅导教材或者供其参考。

通过本书的讲解，Scratch 初学者将进一步深化对编程的理解，并学会使用 Scratch 开发相应的程序。

考虑到 Scratch 初学者大多没有编程基础，本书在写作时假设读者为编程零基础，整体难度较低，个别有难度的编程实例可以暂时略过，不会影响系统化的学习。

程序开发的美妙之处在于创造，而青少年是最有想象力的群体，作者在担任培训教师时，常常为学生们的想象力感到惊叹，而学生也热衷于把自己的想象力实践在 Scratch 程序中，并能获得极大的满足感，这也是老师和家长最希望看到的。当然，在学习编程的过程中，和学习其他技能一样，学生可能会经常遇到挫折，导致其积极性下降，但是只要不灰心不放弃，花些时间思考其中的逻辑和精髓，不断地尝试新思路，总能解决问题，收获成功的喜悦。

少儿编程的起源与发展，我国 Scratch 的发展现状

如今，信息科技飞速发展，在这个大数据和人工智能引领潮流的时代，我们会发现，一些传统的教学方式对于每天接收新鲜事物的学生们来说，效率并不高。

近年来，由于各种科技公司声名鹊起，各类专业技术人才需求猛增，从人工智能、云计算、大数据和物联网的发展来看，人工智能人才已经成为世界互联网巨头争相竞逐的对象。美国前总统奥巴马、英国前首相卡梅伦和新加坡总理李显龙等各国政要，纷纷呼吁全国上下，都应学习编程。

作者在 2018 年 4 月亲赴美国哈佛大学和麻省理工学院参加世界各地从业者聚集的论坛，感触颇多。如何在日新月异的信息时代中给学生提供与时俱进的教育方式呢？世界上大多数注重青少年培养的从业者都认同以下观点：创新意

识、流程与规则，以及合作与分享。

少儿编程软件 Scratch 正是集合上述世界各地从业者 对 K12 儿童教育的发展期望及未来对高素质人才的要求而 产生的优秀编程学习工具。Scratch 的发展其实也不过短短  的 10 年时间，就已经在全世界包括中国迅速流行起来，随着时代发展和素质教育的普及，它 会有更加美好的前景。

目前，各种 Scratch 培训班和培训课程在我国如雨后春笋般涌现，对少儿编程的发展起到 了积极的促进作用，一方面体现出家长和孩子们越来越注重标准课程之外的素质教育，为孩 子的未来打下良好基础，另一方面也说明了 Scratch 软件及其课程对孩子和家长们的吸引力越 来越大，在青少年素质提高和思维培养方面树立了良好的口碑。随着素质教育的全面普及和 家长意识的提高，越来越多的人会认识到学习 Scratch 的重要性和高收益性。

青少年为什么要学习编程

电脑和网络早已在中国普及开来，现在的孩子们接触网络和电脑的年龄都很早，如果不 加以正向引导，很容易沉迷于各种网络游戏和低俗直播，我们时常见到各种相关的新闻报道， 比如，某少年玩游戏把家里的积蓄花光，某学生为了打赏主播花光父母血汗钱。这些成长和 教育失败的案例代表着一个个家庭悲剧，这些孩子无一不是喜欢电脑、喜欢网络、充满想象力， 并且极度渴望成就感和认同感的孩子。他们只是没有受到正确的引导。在采访中，他们袒露 心声，偷花家里钱的时候一边愧疚难受，一边又控制不住自己，渴望通过疯狂花钱来找到荣 誉感和认同感。

以上所举的比较极端的例子数量不多，但也呈增多趋势。不过，大多数孩子使用电子产 品和网络都是玩游戏、看动画，很少有人创作游戏、创作动画。他们喜爱创造但是没有找到 合适的途径，或者说是没人引导。大禹治水疏而不堵，作为家长，不能一味地禁止孩子接触 电脑和网络，还是应该把他们的创造力和爱好加以正向引导。

而少儿编程软件平台 Scratch 正适合这个需求，Scratch 编程能让孩子们体验到自主控制 电脑的成就感，让电脑成为他们的超级助手。

Scratch 简介

Scratch（中文名：魔抓）是由美国麻省理工学院（MIT）媒体实验室于 2008 年推出，专 为少儿打造的编程教学系统，一经推出就产生了巨大反响，风靡西方发达国家，最近更是风 靡全世界。

Scratch 编程界面友好可爱，寓教于乐。它把程序指令做得像孩子喜欢的积木一样，而 且可拖拽、好理解，即时展示程序效果，功能非常强大，小学生也能轻松掌握。它的版本也 在不断更新，功能扩展将越来越多。它让本身高深枯燥的编程变得十分有趣。

Scratch 允许用户将图片、声音和文字等各种素材组合运用，变化无穷，随意创新。平时 喜爱的游戏在自己手中一步一步创建成形，且能够自己随意调整各种参数来控制游戏，那是 一件多么让人自豪和有成就感的事情。当然 Scratch 也并没有为了娱乐和让学生接受而过度简化编程知识，它简约而不简单，必备的编程思想和知识点全都囊括其中，包括循环、判断、变量、链表、模块……让学生通过 Scratch 学习现代编程思想，训练他们既开放又严谨的逻辑思维能力，无论以后从事什么样的工作都会对他们大有裨益。

中国不缺乏有天赋的孩子，缺乏的是发现人才的途径以及培养优秀人才的教育。在智能化信息时代已经来临的今天，为孩子选择一个好的教育方式会让他受益终身。

编程思维主导问题解决思维

人人都应该学习一门计算机语言，因为它将教会你如何思考。

—— 乔布斯

很多家长可能会想，我家孩子以后不想当程序员，所以学编程没什么用。其实，学习少儿编程绝不仅仅是为了让孩子以后当程序员，而是让孩子从小掌握编程思维，因为以后无论从事什么行业、需要解决什么问题，学习编程思维都会大有裨益。

学习编程最重要的是学习编程思维，从而培养孩子解决问题的能力。不管多么复杂的问题都可以分解成一系列容易解决的小问题，然后聚焦几个重要节点，形成解决思路，最后设计步骤，一步一步解决问题。

学习编程，提高孩子学习成绩，防游戏沉迷

国外权威机构研究表明，学习编程能够让孩子的学习成绩整体提高 30%。

少儿编程可以使孩子从游戏的"玩家"变成游戏的"作家"，重视数据理解、分析和解决问题。

编程对其他学科的提升也有很大帮助，包括数学、英语及语文，因为在这个过程中能提高孩子的逻辑思维能力。编程也会让学生集中注意力，家长会惊喜地发现，孩子学习编程后，花在"主科"（语文、数学、英语）上的时间少了，反而"主科"成绩会有很大的提升。

很多家长认为，编程会让孩子过早接触电脑而迷恋上电脑游戏，其实恰恰相反。编程会告诉孩子们游戏是怎么开发出来的，游戏中的各种元素、属性都会让孩子亲自学习掌握，他们反而会看透游戏的本质，认为游戏也没那么神奇，自己就可以做出来，从而更早成熟，并能客观地看待游戏。这也是一种提高孩子格局的方法，能让孩子更好地去自觉分配学习时间，远比一味地强加限制要好很多。

学少儿编程，将来更受国内外名校青睐

在这个全面信息化的时代，无论是国内还是国外的知名高校，在学生选拔与招录中越来越重视学生的综合素质。拥有编程特长的孩子，不但可以在各项信息化相关的竞赛中拿到好成绩，为高考或中考加分，更有机会保送名校。杭州 15 岁女孩郭文景就因荣获奥林匹克信息竞赛奖项而被哈佛录取。

我在教学过程中接触了不少 Scratch 的教材和文章，但是学生和家长普遍反映，对目前的

教材学生们的消化率并不高，家长也没有阅读兴趣，这些教材无法延续综合教学体系，很难做到因材施教。业内迫切需要一本高质量的 Scratch 书籍来满足学生和家长以及从业教师们的需求。结合各方的迫切需求，我编写了这本少儿编程的综合教材。由于水平有限，书中难免有不足之处，欢迎读者批评指正。

感谢

首先感谢同行业的教师们以及我的学生们给予我的协助和灵感。最后要感谢我的家人，包括我的父母和妻子 Echo，以及女儿 Claire，他们牺牲了大量与我共处的时间来支持我的创作，并且以他们独特的角度为我出谋划策。

李尤

作者介绍

李尤（Steven Li），生于北京，大学和研究生就读于英国中央兰开夏大学，毕业后回到北京就业，先后在互联网公司雅虎和世界 500 强企业霍尼韦尔等知名公司做软件技术相关的工作。随着大数据与人工智能的发展，作者又走在了潮流前端，近几年在企业从事大数据与人工智能相关的管理与技术工作，并于 2017 年有幸受邀参加金砖五国大数据应用讨论国际会议，近一年又受邀担任中关村小学校区培训班专家级 Scratch 教师。

知识分子家庭的氛围让我从小养成了读书、写作的爱好。记得小时候，我每天晚上睡觉前都会打开写字台上的小台灯，躺在床上看各种书籍，即使困得不行也舍不得关灯，每次都是在父母的催促下才恋恋不舍地放下书，直到现在还保持着写作分享的习惯。

由于在软件开发方面具有较丰富的实践经验，我受邀在少年培训机构担任专家级 Scratch 编程教师一职。在少儿培训机构做编程教师的时间里，我教过各个年龄段的学生，积累了很多教学经验。2018 年 4 月，受 MIT 邀请赴美国波士顿参加了 Scratch 的论坛，更是了解了很多世界各地的发展状况、教学理念和教学痛点。

目录

第1章　愉快地开始体验 Scratch

第2章　装扮一个好的角色和场景

我的第一本编程书：玩转 Scratch

第3章　让你喜欢的角色动起来

第4章　当个音乐家，让我们来弹奏音乐

第5章　小小画家大百科

第6章　小小工程师的思考逻辑——判断与变量

第 10 章　让小小程序变得更好——尝试改进和优化 Scratch 程序

第 11 章　要存储的内容太多了该怎么办——列表的概念与应用

第 12 章　用 Scratch 连接硬件——硬件连接及其实现

第 1 章　愉快地开始体验 Scratch

1.1　在 Scratch 中实现我的小小梦想

在开学的第一堂课上，面对陌生的环境、陌生的老师、陌生的教材，同学们有些紧张，仿佛在担心课程很难学，担心老师的严厉……在谈起为什么想学 Scratch 的时候，有些大胆的学生们开始羞涩地表达自己的想法了。

我从小喜欢玩电脑游戏，我要通过学习编程做一个由我自己来决定规则的游戏。

我喜欢看动画片，想做一个动画场景。

能不能做一个工具或者模拟科学小实验来辅助我学习？

我想做一个功能强大的万能计算器。

Steven 老师的寄语：

成就大树离不开从种子到发芽、成长的辛勤培育过程，每个学生都是一个天使，都是一个思想家。一辆庞大的坦克是由一个个大大小小的精密零件组成的，一个精彩、复杂的电脑游戏也是由一行行的代码和逻辑构造而成的。下面让我们见识一下 Scratch 软件的魔力，通过每一步的努力，学习编程软件 Scratch 的每一个"零件"，一步步实现我们完整的梦想。

在宽敞明亮的教室里，方桌上摆着几台崭新的笔记本电脑，在每台电脑前面都有一张聚精会神、若有所思的稚嫩面孔。

我的第一本编程书：玩转 Scratch

Steven 老师，我还不太会用电脑呢，怎么开始操作呀，会不会很难?

别急，很简单，跟着我开始吧!

1.2 扬帆起航 Scratch

如何开始使用 Scratch 呢?

1.2.1 下载 Scratch

图 1-1 所示为 Scratch 官网，从中可进入 Scratch 的在线编辑器，它和 Scratch 离线编译器的效果基本一样。下载离线编译器，可访问 https://scratch. mit.edu/download/ Scratch 2，根据操作系统类型下载相应的版本，如图 1-2 所示。本书示例在线和离线都可运行，书中展现的界面有些源于 Windows 版本，也有些源于 Mac OS 版本，界面稍有不同，但功能模块完全一样。不再另行叙述。

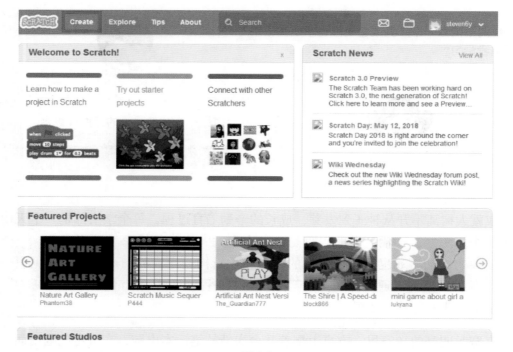

图 1-1

图 1-2

1.2.2　Scratch 中五彩斑斓的分区模块

　　如图 1-3 所示，如果你打开的页面是英文显示的，那也不用着急，我们可以首先把语言设置为中文：点击左上角的地球图标，在其下拉菜单中选择"简体中文"。

图 1-3

　　展现出中文环境后，我们来看一下 Scratch 的编程环境，如图 1-4 所示。

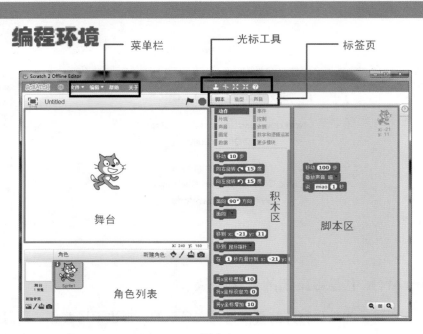

图 1-4

1.2.3　菜单栏是做什么的

　　就像所有其他软件（包括 Office）一样，Scratch 中需要有一些菜单来完成对项目的基本控制，例如，我们要保存做了一半的程序，那么就需要点击菜单栏中的"文件"→"存储"，如果想保存为另外一个文件名就要点击"另存为"。这里提示一下，所有的 Scratch 程序都会保存为一个 sb2 文件。

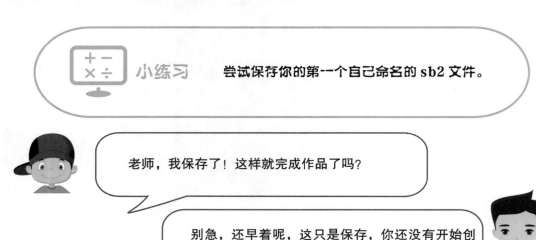

小练习　　尝试保存你的第一个自己命名的 sb2 文件。

老师，我保存了！这样就完成作品了吗？

别急，还早着呢，这只是保存，你还没有开始创作呢！

1.2.4　光标工具是做什么的

在菜单栏的右侧，能看见一排光标工具，如图 1-5 所示，这是做什么的呢？

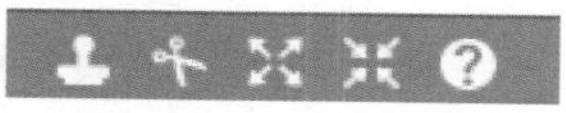

图 1-5

很简单，这是一些快捷操作图标，分别是"复制""删除""放大""缩小""帮助"。"复制"就是把一块积木或者一个角色，复制一个一模一样的；"删除"就是把积木块或者角色选中后删除；"放大""缩小"顾名思义，就是把选中的对象放大或者缩小，达到最佳显示比例；"帮助"：点击后，光标变成一个问号"？"，然后用带有问号的光标点击一个你想了解的模块，就会在右侧出现一个包括详细介绍的帮助信息栏，如图 1-6 所示，但是目前版本的 Scratch 在帮助模块中的积木块介绍是原始没有翻译的英文。

图 1-6

1.2.5　什么是标签页

标签页分为"脚本""造型""声音"。在编程中，对对象的操作往往是多媒体化的，切换脚本、编辑造型，以及所用到的声音列表，都会在其下方分页显示，方便用户点击进行切换编辑，如图 1-7 所示。

图 1-7

老师，这个我还不太懂。

在没有实际操作一个项目之前，这确实有点抽象，等一会儿实际操作一个例子后，就能全明白了。

1.2.6　舞台是做什么的

在左上侧有一个较大的显示区域，这就是 Scratch 中的舞台。Scratch 有"舞台"和"角色"的概念。舞台宽 480 步，高 360 步，坐标原点在中心，与我们学到的坐标概念很像。角色有脚本、造型和声音 3 种属性，可通过脚本控制角色在舞台上的动作，如图 1-8 所示。

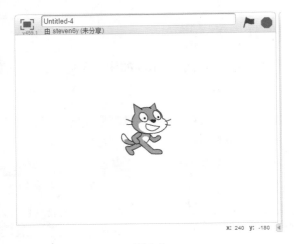

图 1-8

 Steven 老师，为什么舞台上只有一个小猫咪，其他地方都是白色呢？舞台不是应该很漂亮吗？

因为还没有开始写程序，舞台需要同学们自己用程序布置，舞台区是程序运行结果展示的地方，是我们的积木脚本变现的地方。舞台的长度为 480 步长，舞台的中心点坐标是 x=0，y=0。

1.2.7 角色列表是做什么的

如图 1-9 所示，在左下角的显示板中显示在舞台中的角色列表，在它的右上角，有 4 个小图标按钮分别对应 4 种角色创建方式。

图 1-9

※ 从角色库中选取角色

这是我们常用到的选项，默认的角色小猫满足不了我们对大多数程序或者游戏的需求，这时我们会在 Scratch 自带的"角色库"中选取一个适合程序主题的角色。

点击后，展开 Scratch"角色库"，如图 1-10 所示，选择一个合适的角色就好了。

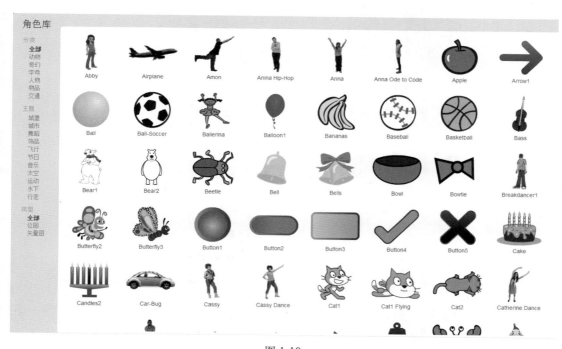

图 1-10

哇！！！这么多角色，太棒了！！！

这还不够呢，我们接下来还会学习自己绘制更多、更贴切的角色呢！

小练习　　尝试选择一个你喜欢的角色。

我的第一本编程书：玩转 Scratch

※ 绘制新角色

点击图标 ✐ 后，就展现出一个绘图板样式的面板，如图 1-11 所示，现在就可以开始绘制新角色了！

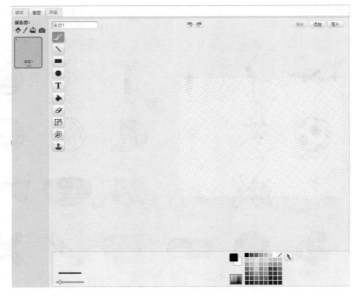

图 1-11

很多小朋友喜欢画画，所以特别喜欢自己画一个角色。下面我们来详细介绍一下 Scratch 强大的绘图功能。

如图 1-12 所示，尝试画一个小熊的头作为新角色吧！

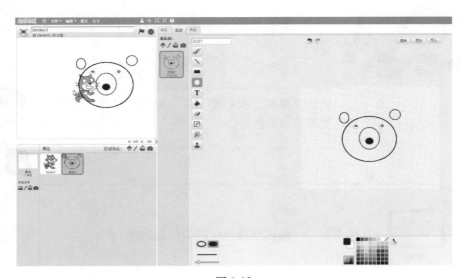

图 1-12

所需要的步骤是什么呢？首先我们选择绘图板左边的形状绘制选项，比如可以选择圆圈，在圆圈下面，又可以选择绘制实心圆或者空心圆，如图 1-13 所示。

所以，看似比较复杂的小熊头，实际上用几个实心圆和空心圆就可以绘制完成，如图 1-14 所示。

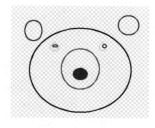

图 1-13　　　　　　　　　　　　　　　图 1-14

太丑了，老师画得不好！我来！

可以啊，老师先教你方法，然后一会儿你们就各自创作一个自己喜欢的角色吧！

下面我们来看看绘图板右上角的几个选项图标，如图 1-15 所示。

它们分别是用来设置造型左右翻转、上下翻转和显示造型中心轴的。这些看似简单的功能，其实大有用处。

图 1-15

将小熊的造型左右翻转一下，看出细微差别了吗？如图 1-16 和图 1-17 所示，最明显的就是左右耳朵的大小因为左右翻转而改变了。

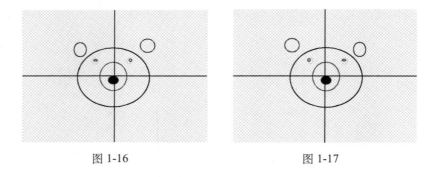

图 1-16　　　　　　　　　　　　　　　图 1-17

我们将翻转后的角色保存为"造型 2"，保存方法为：右击一个造型，选择"复制"命令，然后在造型选择栏中选择"粘贴"选项，就复制了上一个造型，然后点击刚才提到的"角色左右翻转" ▣ 图标就可以得到两个略微不同的造型，如图 1-18 所示。

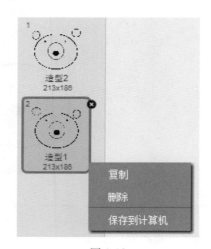

图 1-18

同理，角色上下翻转也是一样的用法。这些基本相同却又不同的角色图案一般是为了在编程游戏中让角色像动画一样动起来，这就需要在后面章节中要讲的通过积木切换造型图案的操作了。

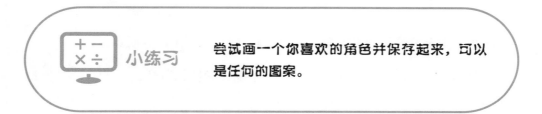

小练习

尝试画一个你喜欢的角色并保存起来，可以是任何的图案。

※ 上传角色

"从本地文件中上传角色" 图标如图 1-19 所示。

图 1-19

点击这个图标后，就会弹出一个选取本地文件的对话框。打开目标文件夹，选择一个可识别的图片文件，该图片就会被当成角色上传到 Scratch 的角色区被程序用到。

在接下来的程序和游戏编程中，这个操作会被经常用到，因为在角色感比较强的程序中，我们需要的角色通常不会被软件本身包含，都需要自己绘制或者上传本地图片。

Steven 老师，我可以自拍当作角色吗？

可以啊，可是你准备让自己做角色来干什么呢？

※ 拍摄照片当作角色

这个功能也是 Scratch 软件很有意思的一点，通常我们的笔记本电脑都会带有摄像头，点击 📷 图标可以给自己或者喜欢的物品拍照当作一个角色来进行编程。

Tina 深锁眉头，开始思考，同学们哈哈大笑。

1.2.8 积木区怎么那么多积木

下面我们来看看积木区，这也是 Scratch 中最核心的区域。它由各种各样的积木构成，这些积木的合理构造决定了整个程序的走向，它们很多都是编程函数的浓缩精华。这么多的积木也说明了实际编写一个软件所用到的各种逻辑判断以及指令都是比较复杂和全面的，如图 1-20 所示。

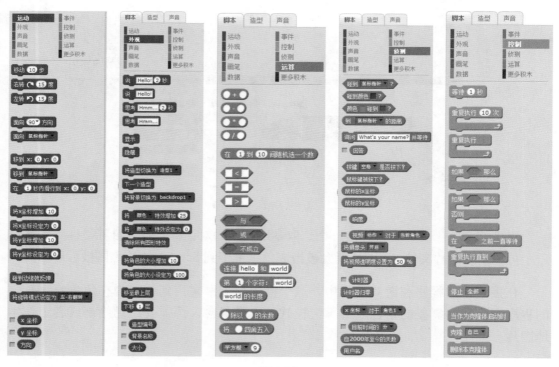

图 1-20

Scratch 的使用主要就是学习这些积木的应用与组合，最后达到我们编写游戏、程序或者软件的目的。

Scratch 中的积木区分为 10 个模块：运动、外观、声音、画笔、数据、事件、控制、侦测、运算和更多积木。不同的模块用不同的颜色标记，这样就能便于我们快速地识别和查找积木。Scratch 2.0 包含了超过 100 种积木块。

Steven 老师，我要开始搭积木啦！

先等一下，我们现在只是了解了这个区域的作用，还没到具体编程的时候呢，磨刀不误砍柴工，同学们不要着急哦！

颜色区分，如图 1-21 所示。

同样，在 Scratch 2.0 当中，所有的程序积木还以形状进行了区分，分别是起始造型、凹凸造型、椭圆形造型和菱形造型。

形状区分如图 1-22 所示。

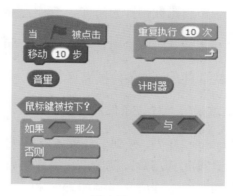

图 1-22

图 1-21

这些可不仅存在形状上的区别，也代表着它们不同的使用方式。在 Scratch 2.0 中，起始造型一般为程序的起点，例如，将"当角色被点击时"作为触发程序的起点，如图 1-23 所示。

图 1-23

凹凸型的积木是最常用的积木，一般是用于最基础的功能，使用方式也很简单，上下拼接即可。这些积木从上往下按顺序执行，如图 1-24 所示。

椭圆形积木是用来存储内容的积木，通常是变量或者参数。我们能直接从积木库里找到的椭圆形积木一般代表着某一属性，存储着相应的数字或文字信息。

图 1-24

(Clearing)

例如：音量 记录着当前声音的音量，造型编号 记录着当前角色的造型编号，用户名 表示当前用户名，○+○ 表示记录着运算过程。所有椭圆形积木都可以通过直接单击来预览所存储的信息内容。

菱形积木用来在 Scratch 中设定条件，我们需要使用菱形的条件积木来帮助计算机区别不同的状况，以确保能够在不同的情况下做出不同的反应，就比如在 C 语言里用作判断循环的语句。

```
If（"a>0"）
do sth；
else
return；
```

其中，"a>0"就是程序用来判断是否进入"If"执行内容的条件。

例如：□<□ 表示以前面数字是否小于后面数字为条件，碰到 鼠标指针▼ ? 表示以当前角色是否碰到鼠标指针为条件，◇ 或 ◇ 表示两个条件中是否满足了其中一个。

条件积木的状态只会有两种：true 和 false，也就是真和假。

true 就是真，代表条件被满足了。

false 就是假，代表条件没有被满足。

在 Scratch 2.0 里，碰到了放置条件模块的地方，通常都是在满足条件后继续执行。这一点设计得尤其巧妙，就像高级编程语言一样。只要熟练应用这一点，就会非常有助于以后对高级编程语言（例如 Java 和 C）的掌握和理解。

老师，我以后要学习编程，我要做个最厉害的软件工程师！

非常好。
不只是做软件工程师，其实各行各业都离不开编程思维，掌握编程技巧对你们各科目的学习都有好处。

1.2.9　脚本区是做什么的

为了实现我们的程序设计，就需要给每一个角色和场景编写程序。编写前一定要先确定好角色和舞台，然后把积木从积木区拖动到脚本区，最后将它们卡合在一起，就代表当前积木可以和另外一块积木形成有效的连接。正是由于 Scratch 采用了积木块卡合的编程方式，因此大大提高了编程的可读性与易懂性，使同学们都能很好地使用它。

让我们看看以下两张图（如图 1-25 和图 1-26 所示），来理解一下什么是脚本：脚本就是指令（积木块）的组合。

角色：猫咪被称为角色

指令：一块积木就是一个指令

脚本：卡合在一起的多块积木称为脚本

图 1-25

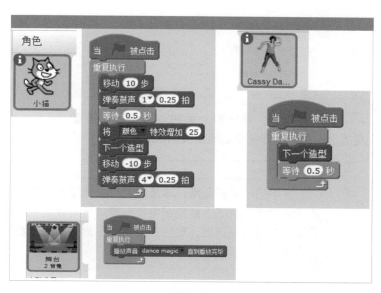

图 1-26

让我们来做一个在舞台上跳舞的小猫吧！

程序按照图 1-26 构建，点击运行，就会出现图 1-27 所示的效果。

图 1-27

"哇！太棒了！"同学们欢呼着。

Steven 老师，我按照上面的步骤把积木搭建完成了，可是我还是不太懂里面的逻辑。

同学们不要着急哦，本章我们只需要掌握基本的分区和概念，对于上述例子中每一步的运用我们会在后面的章节分别讲到，现在只是看一下你们第一个程序的效果。

本节知识点小结：

- 了解舞台、角色、积木区、脚本区

- 学会操作造型

- 学会增加多个角色

- 学会对角色、舞台的编程

- 学会保存操作

试一试　按照知识点自己操作一下并保存起来。

1.3　Scratch 3.0 的发布与访问

1.3.1　Scratch 3.0 的发布

目前 Scratch 2.0 版本正在流行，而 2019 年 1 月，麻省理工学院（MIT）和谷歌合作打造的以 Blocky 为核心的 Scratch 3.0 正式发布新版本中采用了 HTML5 页面技术，支持横式和纵式的图形形式程序构建，按照目前的趋势预期，它可以在 iOS 和 Android 手机、平板及电脑上跨平台使用，对少儿编程教育有很大的帮助。

1.3.2　Scratch 3.0 的访问方法

目前 Scratch 3.0 刚刚发布，它的访问网址为 https://scratch.mit.edu，如图 1-28 所示。

点击"创建"，出现图 1-29 所示的界面。

图 1-28

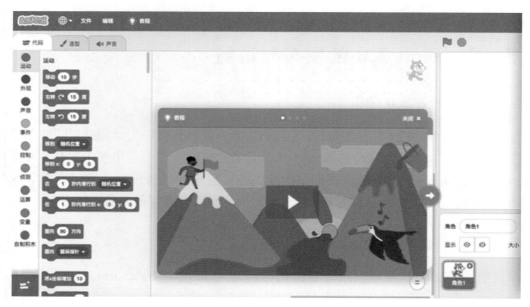

图 1-29

老师，3.0 好酷！为什么我们不直接学习 3.0 呢？

这个目前还只是刚刚发布，还有很多功能不太成熟，未来需要调整，不适合现在做系统性学习。

那么我们是不是可以不管 3.0，只会用 2.0 就好了？

还是要了解一下最新版的特色哦，因为我们的学习也是一样，要跟上时代时刻不停地进行学习，同学们如此，老师也是如此，这个时代的每一个人都要保持一颗终身学习的心。

第2章　装扮一个好的角色和场景

2.1　创建一个自己喜欢的角色

首先，我们先来定义一个喜欢的角色吧。

在 1.2.7 节中，我们已经对角色的创建和操作方法有所了解，现在再来深入学习一下角色的各种相关功能。

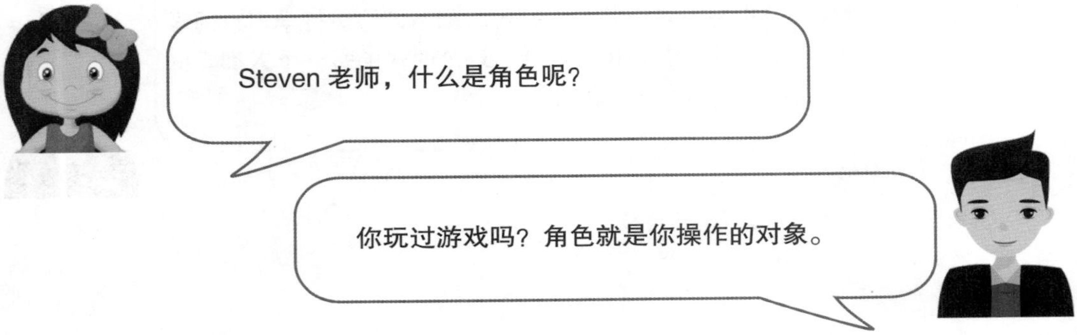

Steven 老师，什么是角色呢？

你玩过游戏吗？角色就是你操作的对象。

我们可以将角色理解为我们做的小程序的执行对象，也就是说，我们定义一个角色，然后编程让它做些什么，比如可以唱歌、跳舞等等。

在 Scratch 中角色就是舞台中执行命令的主角，它将按照编写的程序来运动。当我们打开软件时，默认的角色就是小猫。

先打开软件，认识小猫角色，并尝试改变它的大小和方向。

图 2-1 中是默认的小猫角色。下面我们来创建新角色。

※ 绘制新角色

在 Scratch 2.0 偏左下的位置，有一个角色创建工具栏，点击其中的小画笔图标"绘制新角色"，如图 2-2 所示。

这时，在左下角原有小猫角色的旁边就会出现一个默认名字为"角色 2"的新角色（见图 2-3），现在还是空白的。同时，操作界面的右侧也会出现一个画板（见图 2-4），在这里我们就可以绘制新角色了。

图 2-1　　　　　　　　　　　　图 2-2　　　　　　　　　　　　图 2-3

图 2-4

　　我们可以用 Scratch 2.0 自带的绘图板绘制一个自己喜欢的新角色。具体方法很简单，有些像 Windows 的画图工具，这里就不详细叙述了。比如，我们用颜色画笔、圆圈，以及颜色填充画一只小黄猫的脸，如图 2-5 所示。

图 2-5

Steven 老师，画得太难看了！这哪是黄猫啊，这是一个怪兽吧！

哈哈，如果纯手工在电脑上画，这样已经不错了，不信你们试试。

我们可以给这个角色起一个自己喜欢的名字，比如把名称"角色2"变为"小猫猫"。

具体的操作方法为：用鼠标右击角色，然后选择"info"，就会出现关于角色的信息编辑框，如图 2-6 所示。

一个角色可以有多种造型，具体可以在绘图版左侧的造型栏找到。同样，新造型也有很多添加方法，如图 2-7 所示。

一个角色有多种造型是为了让我们的角色能够动起来，比如造型 1 是小猫的张嘴效果，造型 2 是小猫的闭嘴效果，那么在编程中，我们通过场景调用分别显示造型 1 和造型 2，每隔一秒切换一次造型，小猫的嘴就会一张一合，像是说话一样，动画片制作的原理也是如此呢。

图 2-6

图 2-7

Steven 老师，我知道了，我看过那种书，就是通过快速翻页让书上的图案看起来像在动一样。

我也看过，我也看过。

没错！但是一般在开始的时候，不用制作那么多造型，我们知道原理就好。

以后大家掌握了方法，可以充分发挥自己的想象力，做适合自己程序的各种造型。

※ 从角色库中选择新角色

当然，每次角色不一定需要自己画出来，强大的 Scratch 2.0 自带了很多漂亮又实用的新角色，可以满足大多数编程的基本需要，如果没有特定的要求，我们从中选择一个就好，非常方便。

首先，如图 2-8 所示，我们点击角色栏里的第一个小图标，然后从"角色库"中选择一个角色。

图 2-8

界面中会出现一个大窗口，可以选择里面比较中意的角色，点击后就建立好了，非常方便，如图 2-9 所示。

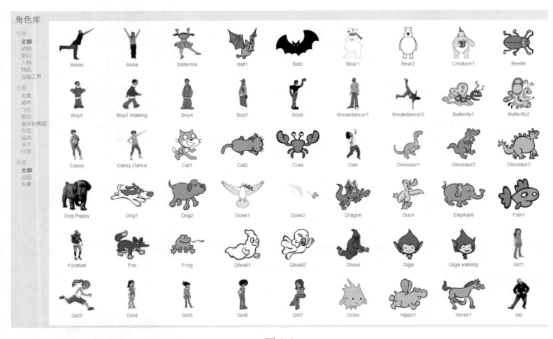

图 2-9

选择一个图片角色后，就可以开始使用新角色了。

※ 从文件夹中上传新角色

有一些需要的角色是图片库中没有的，也不容易自己画出来。假如我们手里正好有这种角色的图片，我们就可以用 Scratch 2.0 中的角色创建工具"从本地文件中上传角色"来新建角色，如图 2-10 所示。

图 2-10

点击图标后会打开一个对话框，选择本地的一个图片就可以作为角色放入 Scratch 里啦，如图 2-11 所示。

图 2-11

※ 拍照作为角色

提起这个来，就很有意思了，这个功能是指在装有摄像头的电脑上，点击这个图标以后就可以拍照来当作角色。很多人愿意把自己当作角色，那么很简单，选择这个功能为自己拍一张照片就可以了（一般笔记本电脑都带有前置摄像头，如果是台式电脑，大多数需要另外连接一个摄像头），如图 2-12 所示。

图 2-12

2.2　添加舞台与背景

好了，刚刚介绍了添加角色的几种方法，下面我们来给自己喜欢的角色添加一个表演的舞台吧。

一个好的程序，背景和角色同样重要。背景如同我们要表演的舞台，除了个别纯数学逻辑的程序外，在程序中一个漂亮合适的舞台是必不可少的。

让我们先来看看操作舞台背景的位置。在左下角角色操作区的左边有一个舞台操作区，如图 2-13 所示。

图 2-13

我们可以看到，舞台操作区的下方有 4 个图标按钮。

Steven 老师，我知道了，这个和角色的操作图标很像，分别是选取、手绘、文件夹和照相，对吧？

说得非常对，顾名思义，是和角色类似的操作方法。

※ 从背景库中选择背景

点击最左边的图片状小图标，就会打开一个背景图片库，选择一个合适的图片作为主背景。这些图片适用于不是很挑背景的大多数程序，如图 2-14 所示。

图 2-14

双击图片就可以完成选择，很简单。之后，主界面就会显示我们选择的背景，背景上面是我们的角色，如图 2-15 所示。

※ 手绘背景

在左侧的新建背景操作栏中，点击画笔图标 ✏，就会出现手绘背景区，我们可以用 Scratch 2.0 提供的画图工具画出自己想要的背景，如图 2-16 所示。

图 2-15

图 2-16

※ 从文件夹中导入图片背景

在左侧的新建背景操作栏中，点击文件夹图标，就会出现一个文件选择对话框，我们可以选择自己电脑中的图片上传作为需要的特定背景，如图 2-17 所示。

图 2-17

如图 2-17 所示，我们选择"水母 .jpg"文件，背景就会变成相应的图片，与之前的角色叠加显示后如图 2-18 所示。

图 2-18

※ 拍摄照片当作背景

在左侧的新建背景操作栏中，点击照相机图标，就会出现一个对话框，确认后激活摄像头，可以拍照作为需要的特定背景。

2.3　如何编辑 / 删除一个角色或场景

Steven 老师，我弄错了怎么办？可以删除或者修改吗？

当然可以，在 Scratch 里面一切都是可逆的，当然，别忘了随时保存。

编辑和删除一个角色或场景很简单。

2.3.1　编辑 / 删除角色

首先讲角色。右击一个角色，然后在弹出的快捷菜单中选择"删除"命令，如图 2-19 所示，这个角色就被删掉了；如果想编辑，那么直接单击一下角色，就可以在右侧直接编辑了。

同样，也可以选择"复制"（就是复制一个一模一样的角色）、"保存到本地文件"（将这个角色的图片保存到你的电脑里）或者"隐藏"（暂时隐藏这个角色）命令。

2.3.2　编辑 / 删除场景

场景的编辑和删除也很简单。首先右击想要操作的场景，如图 2-20 所示。然后在弹出的快捷菜单中选择"删除"命令，就可以删掉这个场景了。注意：删掉的场景不能恢复，所以要做好备份哦。

图 2-19

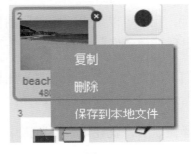

图 2-20

同样也可以选择"复制"命令来复制一个一模一样的场景，或者选择"保存到本地文件"命令来将这个场景保存到电脑里。

2.4　给舞台添加好听的声音

Steven 老师，舞台有声音吗？

当然有了，只有图像没有声音的舞台多单调啊！

"在哪里？在哪里？"——同学们都很激动地想要添加音乐。

一个漂亮的舞台应该是多媒体的舞台，声音是必不可少的元素。声音可不只包括音乐，还包括很多特效声音。比如，当我们的角色需要鸟叫声的时候，就要触发"鸟叫"的声音，等等。总之，声音构成了我们绚丽多彩的多媒体程序，就像游戏一样，声音和音效是必不可少的。

那么，如何添加合适的声音呢？

打开"声音"选项卡，进入声音操作区，如图 2-21 所示。

在操作区上面的文本框里，我们可以输入这个声音的名字，默认为"pop"。

然后，我们可以点击"喇叭"图标。它的作用是从"声音库"中选取声音，点击后就会出现"声音库"窗口，如图 2-22 所示。

我们可以在选择之前先点击 ▶ 图标预览这个声音（在左侧栏中可以选择分类），然后根据预览的声音效果进行选择。

选择完以后，就在声音预览区中生成了图 2-23 所示的声波以及操作选项。

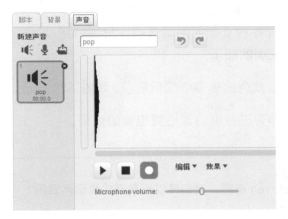

图 2-21

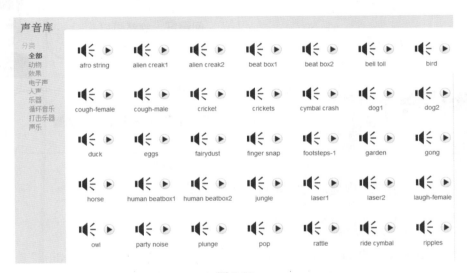

图 2-22

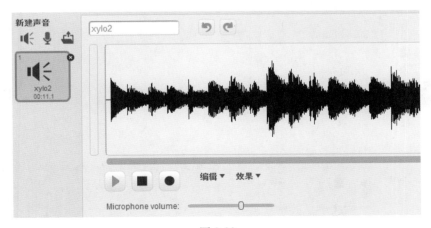

图 2-23

我的第一本编程书：玩转 Scratch

我们可以在这里试听和编辑声音。Scratch 2.0 提供的声音编辑功能很是强大，有各种复杂的编辑选项，只要够用心，一定能做出自己心中最完美的曲子。

选择"效果"命令，就会出现多个编辑选项，如图 2-24 所示。

操作后就可以对声音进行编辑，达到想要的效果。

图 2-24

Steven 老师，我们可以用自己的说话声音吗？

问得好，当然可以！

"在哪里？在哪里？"——同学们又沸腾了。

当然，"音乐库"中提供的音乐可能远远不够。

在声音选项中，我们也可以选择录制音乐功能。

在声音操作区，我们点击"录制"按钮 后，上方显示"Recording"，表示开始录制声音，不过前提是电脑的麦克风已经打开（或者外接麦克风已打开），如图 2-25所示。

图 2-25

录制结束后，点击方块状的"停止"按钮就会结束录制，刚才录制的声音就被保存到当前场景的声音中了，并且可以回放和编辑哦。

"哇哇哇，啦啦啦……"顿时，所有的孩子开始嚷嚷或者唱歌。

停停停，好了，体验一下就可以了，一直这样就无法继续教你们了。

同样，Scratch 2.0 也支持本地声音文件的上传，在"新建声音"面板中，点击文件夹图标，就会弹出一个对话框，选择本地电脑中的声音文件，然后点击"确定"按钮完成上传，它就可以作为我们程序里的声音来使用了，如图 2-26 所示。

图 2-26

总结与思考

在本章中，我们介绍了如何在开始编程前创建自己喜欢的背景、角色和声音。

Scratch 2.0 中提供了强大的绘图、上传与编辑功能，心怀小小梦想的你总会做出一个适合自己的编程场景，或绚丽多彩，或真实感人。

 创造自己喜欢的背景、角色和声音，为你
的程序实现打好基础！

第 3 章　让你喜欢的角色动起来

3.1　多媒体播放的特点

3.1.1　什么是多媒体

下面我们首先来认识一下什么是多媒体。

多媒体（Multimedia）是多种媒体的综合，一般包括文本、声音和图像等多种媒体形式。在计算机系统中，多媒体指组合两种或两种以上媒体的一种人机交互式信息交流和传播媒体。使用的媒体包括文字、图片、声音、动画和影片。

steven 老师，我不太懂，是不是我们做的小程序都是多媒体？

对，咱们做的程序有文本，有声音，有图像，有些甚至还会动呢，这样的程序就是多媒体程序。

那什么样的不是多媒体呢？

比如你阅读一本书（不带音乐的），或者听一首歌（不带字幕画面的），就不算多媒体。

3.1.2 Scratch 中多媒体的特点

在 Scratch 2.0 中，我们可以制作各种形式的多媒体程序。如之前章节的介绍，Scratch 2.0 软件编程采用积木拼搭的方法，我们可以试着用各种控制逻辑，用各种角色、图片、声音和场景等组合出绚丽的产品和效果，实现各种想要的功能。

下面就让我们了解一下如何操作积木块。

3.2 让喜欢的角色动起来

3.2.1 使用移动功能块

在设计一个 Scratch 2.0 程序或者动画时，让角色移动是最基本的动画效果，Scratch 2.0 中让角色移动的方法有 3 种：

● 通过方向与移动值进行移动。

● 设定 x、y 坐标命令使角色进行移动。

● 移到某个特定位置。

首先，我们进入 Scratch 2.0 主界面，如图 3-1 所示。

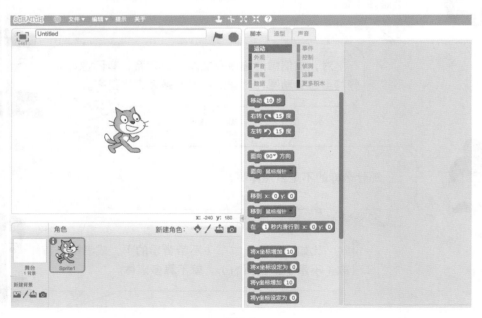

图 3-1

我们先来看看如何通过方向与移动值进行移动。这是所有移动操作里最基本，也是最常用的，如图 3-2 所示。

※ 让角色随着鼠标指针移动

将相应的积木放到主程序框内，如图 3-3 所示。

图 3-2

图 3-3

点击小旗子图标开始运行程序，角色就会在角色区随着鼠标指针而移动。

※ 设定 x、y 坐标命令使角色进行移动

第二种移动方法是直接设置 x 和 y 坐标（横轴和纵轴），让角色直接移动到坐标点。

如图 3-4 所示，其中的积木指令都可以直接设定角色的坐标。

我们来试试下面这个小例子吧。

将"将 x 坐标增加 10"指令拖动到脚本区，点击执行，角色会沿 x 轴方向移动 10 个像素。重复执行此命令，角色会一直沿 x 轴滑动。为了让角色有走路的效果，这里还需要一个"等待 0.5 秒"的指令，同时加上"碰到边缘就反弹"指令，如图 3-5 所示。

点击"开始"图标，运行一下试试！

图 3-4　　　　　　　　　　　　　　　图 3-5

哇，小猫在走啊，真神奇！

这有什么神奇的，继续学习，更神奇的还在后面呢！

※ 移到某个特定位置

首先把指令中的 x 坐标设定为 -50，y 坐标设定为 0，执行起来的效果是角色瞬间移动到（-50, 0）的位置。再拖动指令到脚本中，设置角色在 1 秒内移动到（15, 15）的位置，重复执行此指令，角色会在瞬间回到（-50, 0）的位置，然后在 1 秒内滑行到（15, 15）的位置脚本如图 3-6 所示。

3.2.2　试一试旋转角色

当我们设计的角色需要旋转时，可以设置旋转角色。

图 3-6

操作比较简单，只要使用图 3-7 所示的蓝色积木块就可以了。

我们来进行一段简单的编程。如图 3-8 所示，设置重复执行一个先右转 50 度再左转 30 度的操作（间隔一秒），试着运行一下，角色旋转了吧！

图 3-7　　　　　　　　　　　　图 3-8

3.2.3　来设置角色方向吧

有时候我们在设置角色旋转之前，需要设定一个初始的角度为角色初始化，或者不设置旋转，而是直接进行角色初始化，如图 3-9 所示。Scratch 2.0 会严格、准确地根据积木指令对角色的朝向进行操作。

3.2.4　在舞台上弹回角色

我们设计游戏或者动画角色时经常需要让角色动起来，但是当角色跑到舞台的边缘时该怎么办呢？让角色移出舞台或者卡在边上不动肯定是不合适的。这时候就可以使用一个很方便的积木块"碰到边缘就反弹"。实际应用如图 3-10 所示。运行一下试试吧！

　　　　　　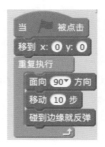

图 3-9　　　　　　　　　　　　图 3-10

看，角色碰到舞台边缘就反方向弹回去了！

3.3　记下角色的坐标和方向

我们设置角色的当前位置和方向以后，在后续的操作中也会用到这个位置坐标和方向。如图 3-11 所示，蓝色的小积木就代表当前角色的坐标和方向，它们可以在其他程序中直接被调用。

图 3-12 所示的示例展示了记录坐标和方向的积木块的实际运用方法。

图 3-11

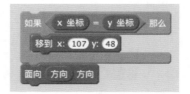

图 3-12

 **小练习**　确定一个角色，让它朝着右上的方向移动，碰到边缘就返回并转向。

第4章 当个音乐家，让我们来弹奏音乐

4.1 美妙音乐的构成——如何获取音频

下面我们要学习如何让自己的程序有美妙的声音。

Scratch 2.0 所支持的各种声音的获取与使用方法与其他脚本相结合，会使整个程序更加生动。

大家想一想，如果你们平时爱玩的游戏离开了背景音乐和音效会怎么样？

那太没意思了……

比不玩强。

是比不玩强，但是当你有所选择的时候，肯定是有好听的音乐和音效才能更过瘾对不对？

对！

美妙的背景音乐和音效是让我们的程序（尤其是游戏）生动起来的必要条件，所以这部分内容很重要。

打开 Scratch 2.0 软件。点击角色，在右边的面板中打开"声音"选项卡，可以进行声音的操作，如图 4-1 所示。

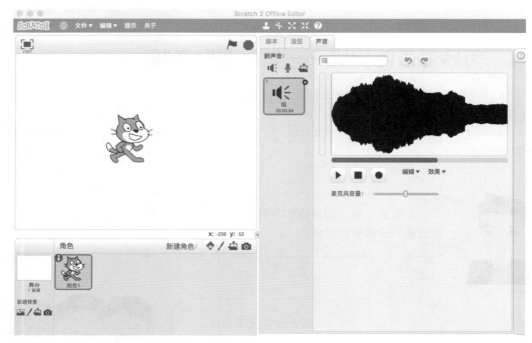

图 4-1

可以看到在"新声音"几个字下面有 3 个图标，分别用于从音频库里选择声音、录制新声音和从本地文件里选择声音。

这也说明获取声音有 3 种方法。

第一种方法是选择 Scratch 2.0 自带的各种声音。Scratch 内部提供了不少音频文件。

点击小喇叭图标，就会出现一个窗口，如图 4-2 所示，里面有各种声音可供选择，可以满足大多数程序的需要。

第二种方法是录制自己的声音，点击麦克风图标即可。

点击后在声音操作区就会出现一个默认名称为"录音 1"的新音频，确认电脑连接了外置麦克风或者有自带的麦克风，点击圆形图标按钮录制，就会出现一个黄色的"Recording"文字提示，如图 4-3 所示，这说明现在已经在录制中了。在录制的时候同样可以调节麦克风的音量，多试几次就能得到满意的声音和音效。

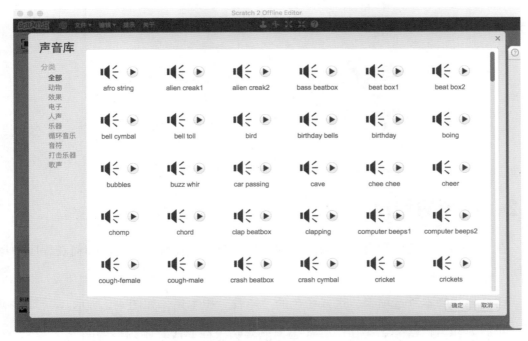

图 4-2

图 4-3

　　第三种获取声音的方法是从本地文件中上传。点击文件夹图标，如图 4-4 所示，然后选择本地音频文件。我们可以从网上下载音频文件，也可以从其他地方复制音频文件到本机。需要注意的是，音频文件的格式非常多，但是 Scratch 2.0 仅能识别两种格式：wav 和 mp3。

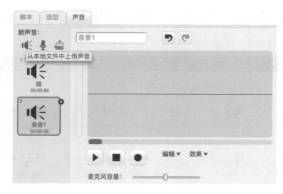

图 4-4

4.2　音频的使用

在上一小节，我们学会了获取声音的 3 种渠道，现在我们来学习如何在程序中运用他们。

切换到"脚本"选项卡，选择粉色的"声音"积木集，如图 4-5 所示。

我们看到，粉色的积木块中默认操作的音频文件变成了刚刚设置的"录音 1"。实际上这是可以选择的，我们获取的所有音频文件都可以在这里操作（直接点击"录音 1"旁的小三角就可以选择要操作的录音）。

图 4-6 所示是一个简单的声音输出程序，可以输出默认角色的"录音 1"音频。

图 4-5

图 4-6

4.3　当个小小的音乐家

让我们来当个小小的音乐家，创作弹奏乐曲《小星星》，学会如何用 Scratch 2.0 演奏歌曲。这里我们用变量和链表来记录音符和拍子，现在不明白没关系，只要跟着这一节的介绍进行操作就行了。

Steven 老师，是不是什么歌曲都可以在 Scratch 中演奏？

对，是这样的，只要能做出歌曲的旋律和节拍，强大的 Scratch 就能用各种乐器模拟演奏出动听的音乐。

4.3.1　演奏音乐的方法

首先我们打开主界面。

先来熟悉一下演奏音乐的各种积木。

在脚本区中布置积木，如图 4-7 所示。

在图中我们可以看到各种音乐的设置方法，比如弹奏音符、设置音量和速度，以及设置乐器等。积木虽然简单，但是组合起来使用会很有意思。

图 4-7

4.3.2　演奏音乐示例：演奏小星星（＊有教学视频）

在本节中我们尝试创作和演奏一首歌曲，就拿我们都熟悉的小星星作为例子。

第一步

打开 Scratch 主界面，展开积木区中的"数据"类积木。

点击"建立一个变量"后，在"新建变量"对话框中输入变量名"v1"，如图 4-8 所示。

第二步

新建两个列表，分别叫"拍子"和"音符"。

这是编辑歌曲《小星星》的拍子和音符，如图 4-9 所示。

图 4-8

图 4-9

然而，我们的拍子和音符很多，该怎么处理呢？这就要通过列表的引用来实现了。关于这一点本章中暂不详述，我们只需要按步骤操作，把歌曲需要的拍子和音符导入到程序里就可以了。

建立好列表后，可以看到我们的场景中多了两个列表，这就是刚刚我们建立的"拍子"和"音符"，如图 4-10 所示。

图 4-10

第三步

建立两个 txt 文本文件，分别命名为"拍子 .txt"和"音符 .txt"。

我们先要设计小星星的音符和拍子。

处理音符时，我们常常需要经过反复试听和调试。这里我们使用的音符旋律如图 4-11 所示。

然后编制节拍，以设计旋律的节奏和停顿。我们采用图 4-12 所示的拍子。

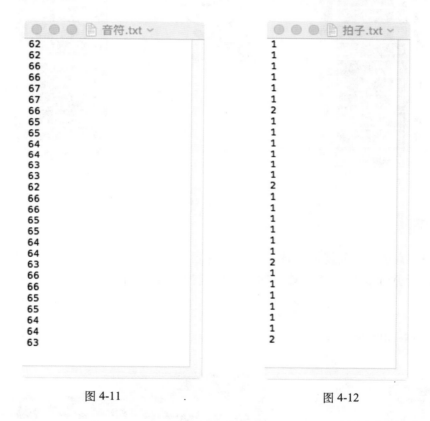

图 4-11　　　　　　　　　　　　　　　图 4-12

在节奏和拍子设计好以后，我们右击舞台上的两个刚建好的列表可以将节奏和拍子分别导入其中（关于列表的概念和应用，我们会在之后的章节详细介绍，这里只需要按照步骤操作即可），如图 4-13 所示。

第四步

我们开始设计主体程序。

首先初始化脚本，当小绿旗子被点击时，设定演奏乐器效果为"1"（钢琴），将演奏速度设定为 100bpm，将变量设定为"1"，如图 4-14 所示。

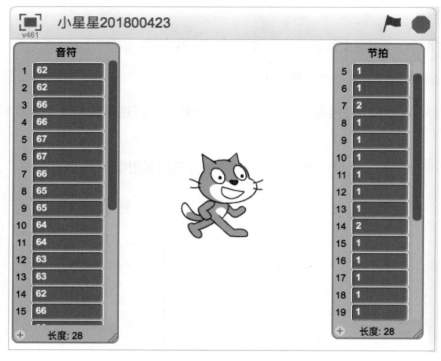

图 4-13

第五步

设计程序脚本。重复弹奏音符，每次弹奏第 v1 个音符、第 v1 拍，然后将 v1 加 1，再次执行循环脚本。这段脚本的含义就是按照变量的顺序逐次演奏歌曲的音符和拍子。

程序脚本如图 4-15 所示。

图 4-14

图 4-15

这样我们的脚本编辑就完成了，如图 4-16 所示。

运行程序，就会听到小星星的钢琴演奏效果了。

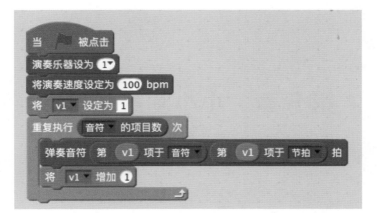

图 4-16

Twinkle, twinkle, little star，how I wonder what you are.

对，就是这样，一起唱吧，哈哈！

第 5 章　小小画家大百科

大家都喜欢画画吧，我从小就有美术特长呢！

老师，我也是从小学习素描！

我是学国画的！

了解，但是电脑上作画和实际画画不同，技巧也不一样，电脑能实现人手无法实现的自动描绘、填充等功能，和手工作画各有特色。

5.1　绘制线条和形状

首先让我们体验一下 Scratch 2.0 中最基本的绘画吧。

5.1.1　清空舞台区域

在画画之前，我们一般需要清空舞台背景，这也就像是拿一张新纸来作画，所以清空舞台也是我们第一步需要学的。

打开主界面，选择绿色的"画笔"积木集，如图 5-1 所示。

我们可以看到很多功能积木，根据积木上的文字就能很容易看出积木的用处。接下来我们试着用这些积木块来编程。

图 5-2 中的积木是用来进行程序初始化的，包括坐标还原命令（移到 x：0，y：0）和"清空"命令。

图 5-1　　　　　　　　　　　　　　　　图 5-2

这两个积木指令的意思是：首先我们要把绘画的起始坐标移动到中心坐标位置，然后清空之前绘制的所有图案及线条。

5.1.2　隐藏舞台上的角色

我们绘画时可能会觉得舞台上的角色很碍事，这时就需要把角色隐藏起来，就像使用一张白纸一样，这样就可以尽情绘画了。

我们首先需要点击"外观"选项，选择"隐藏"积木块加入脚本区，如图 5-3 所示。

如果想要把隐藏的角色显示出来，使用"显示"这个

图 5-3

积木块就好了。

5.1.3　使用画笔绘画

好了，说了这么多绘画前的初始化工作，我们现在可以使用画笔画画了。先了解一下 Scratch 2.0 中模拟落笔、抬笔的操作。就像我们自己画画一样，落笔表示开始绘画，抬笔表示这一小段操作的结束。我们画一个五角星时，可以连笔画完，但是很多图案不可能一气呵成，所以落笔、抬笔的动作也需要有专门的积木块来实现，如图 5-4 所示。

在落笔和抬笔之间，我们需要加入绘画的动作，比如最简单的向一个方向移动多少步，代表画一条直线。下面我们来做一个简单的程序，如图 5-5 所示。

图 5-4　　　　　　　　图 5-5

第一步　把角色隐藏起来。

第二步　恢复默认坐标。

第三步　清除之前的图案。

第四步　落笔，然后（向默认方向）移动 100 步，即画一条直线，最后抬笔。

执行后，我们看到的效果如图 5-6 所示，即角色隐藏不见，而且从坐标的中心点向右画了一条 100 步长的直线。

练一练　如果想围着中心点画一个边长为 100 步的正方形图案，该怎么编程呢？

图 5-6

5.1.4 设置画笔的颜色、亮度和粗细

画笔的颜色、亮度和粗细也是可以设置的，如图 5-7 所示的积木。

亮度和粗细是用数字表示的，如果你对这些数字没有概念的话，可以尝试设置一下，如果对画笔的效果不满意，可以很方便地完成更改，而不需要用橡皮擦或者换张纸。

我们来看一看下面的例子，程序如图 5-8 所示，对程序解释如下。

第一步 把角色隐藏起来。

第二步 恢复默认坐标。

第三步 清除之前的图案。

第四步 设定画笔颜色，将画笔亮度增加 10、画笔粗细增加 10。

第五步 落笔，向默认方向移动 100 步，相当于画一条直线，然后抬笔。

第六步 右转。

图 5-7   图 5-8

第七步 重新设定画笔颜色，再将画笔粗细增加 10。

第八步 落笔，向选定的方向移动 100 步，相当于画一条垂直的直线，然后抬笔。

最后执行程序，效果如图 5-9 所示。

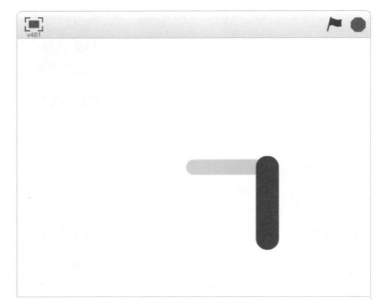

图 5-9

5.2 创建复杂一些的图案

刚才我们已经学会了用 Scratch 2.0 绘图的基本操作，这一节中我们将进行更加深入的学习，利用软件的强大功能绘制出更复杂的图案。

5.2.1 创建美丽的彩色花环

在这个例子中，我们会创建彩色的五边形，然后围着中间坐标点转一圈，形成一个美丽的花环图案。

首先我们要做好绘画前的准备工作，也就是上一节提到的画笔初始化、清空和隐藏等操作。

程序如图 5-10 所示。

当然，这并没有完成，我们仅仅是做好了初始化工作。下面我们来思考一下如何能做到重复图案一圈。

如图 5-11 所示，我们利用两个表示重复执行的黄色积木块，让画笔持续地移动，反复循环 70 次，每次增加一个颜色值（颜色变化就能形成彩色的效果），然后调整角度持续绘制。

图 5-10

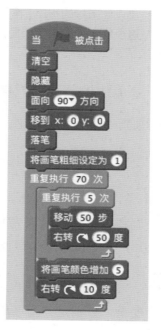

图 5-11

我们来执行一下上面的程序，舞台中开始绘制图案，逐渐形成了一个美丽的花环，非常漂亮，如图 5-12 所示。

图 5-12

哇，好漂亮！

我自己画这个要好久呢，而且画不了这么整齐！

太对了，这就是程序作画的妙处！程序可以自动快速绘图，而且整齐、美观，能够按照你们的想法设计美妙的程序，再复杂 100 倍的图都能画出来，这个优点是人手工画画比不了的。

5.2.2　画一朵美丽的雪花（＊有教学视频）

下面我们来画一朵美丽的雪花。

第一步

初始化。

和其他绘画程序一样，我们先要清空画板、隐藏角色、定义画笔粗细和坐标，等等，如图 5-13 所示。

图 5-13

第二步

新建 3 个变量，分别是"画笔角度""花瓣数量""花的半径"。我们设置这 3 个变量是为了在程序中更好地操作，后面我们会详细讲到变量的应用。在这里，我们只需要学会新建变量并把它运用到绘画程序中，如图 5-14 和图 5-15 所示。

图 5-14

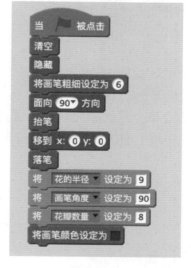

图 5-15

第三步

在程序中初始化 3 个变量的值，和雪花的颜色。

第四步

对 3 个变量进行操作，设置画笔的运动轨迹。

在这个比较复杂的程序中，我们要先构思设置 4 个循环条件。

第一个循环是用于设置整体绘画的进度，具体就是每次循环执行一次后减小花的半径，当花的半径减为 0 时，绘画停止，不再重复绘画，如图 5-16 所示。

第二个循环执行的次数是花瓣数量，是让画笔按照你定义的花瓣数来画画，定义的是多少个，就画出多少个，如图 5-17 所示。

第三个循环执行两次，分别画花瓣的下面和上面。

程序如图 5-18 所示。

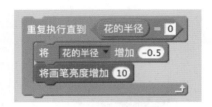

图 5-16

图 5-17

第四个循环执行 16 次，是把每个花瓣的角度平均分成 16 份，画笔在移动的过程中，每次循环时向右旋转这个角度，一共循环 16 次，这样画笔画的就不是直线，而是花瓣的效果。每次画完后，将方向向右旋转 180 度，再重复一次循环，这样可以画出每个花瓣上面的弧形了，如图 5-19 所示。

图 5-18

图 5-19

现在我们就完成了绘制雪花的完整程序。

最终程序如图 5-20 所示。

点击执行，试试看你的程序运行效果。

我们看到，随着一条条弧线的绘制，一朵漂亮的雪花诞生了，形成的图形如图 5-21 所示。

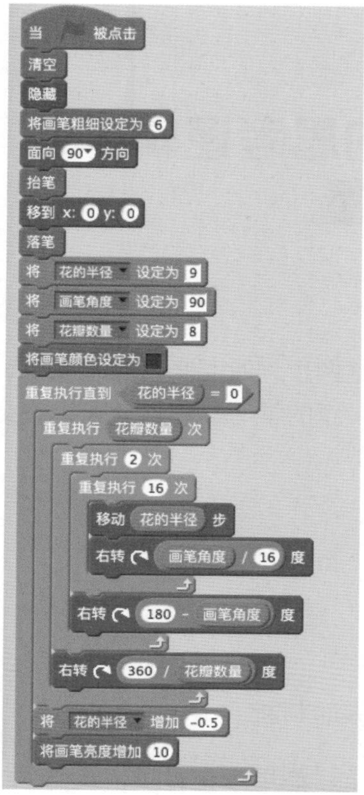

```
当        被点击
清空
隐藏
将画笔粗细设定为 6
面向 90▼ 方向
抬笔
移到 x: 0 y: 0
落笔
将 花的半径 ▼ 设定为 9
将 画笔角度 ▼ 设定为 90
将 花瓣数量 ▼ 设定为 8
将画笔颜色设定为 ■
重复执行直到 花的半径 = 0
    重复执行 花瓣数量 次
        重复执行 2 次
            重复执行 16 次
                移动 花的半径 步
                右转 ↻ 画笔角度 / 16 度
            右转 ↻ 180 - 画笔角度 度
        右转 ↻ 360 / 花瓣数量 度
    将 花的半径 ▼ 增加 -0.5
    将画笔亮度增加 10
```

图 5-20

花的半径 0
画笔角度 90
花瓣数量 8

图 5-21

第 6 章　小小工程师的思考逻辑
——判断与变量

下面我们来学习一下什么是程序的判断和变量，这两个词听起来可能很抽象，不容易理解，但这是我们编写程序的核心思想。通过这一章的学习，我们就可以完全掌握它们。

6.1　什么是判断与变量

6.1.1　什么是判断

判断是什么呢？我们其实每天都需要用脑子做许多的判断。

比如，如果今天下雨，我们的体育课就在教室里上；如果今天雾霾，我们中午的活动就取消了；如果我晚上不饿，我就少吃一点……

这就是判断的最基本知识，也就是说我们在编写程序的时候，判断会像人脑一样指向不同的结果，而且都会有一个先决条件，就是这样的结构"如果……那么……否则……"。

现在你可以找到控制判断的积木了吗？是的，它们就在控制类积木中。在这个积木集中，我们能找到很多控制判断的积木，如图 6-1 所示。

对积木功能的解释如下。

在积木中，我们看到有一个六边形的积木空缺，在之前的章节中我们见到过。我们需要在这里填入六边形的积木作为这个判断程序执行其中命令的条件。

六边形的积木有很多，比如在"侦测"和"运算"积木集中，都可以找到六边形的积木，如图 6-2 所示，这就代表，这个侦测的动作或者是运算的结果，都是作为控制判断的条件。

我们来设计一个判断控制的小程序，如图 6-3 所示。当开始执行的小旗子图标被点击时，判断"1<2"是否为真，如果为真，就将角色增大一圈（增加 10），否则就

减小一圈（减少 10）。

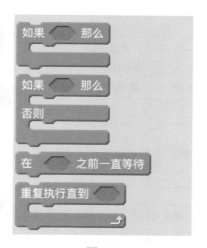

图 6-1

图 6-2

很显然，1 就是小于 2 的，所以这个循环的结果永远是将角色增加，每运行一次程序，角色就会变大一圈，永远不会缩小，因为绿色六边形积木中的结果肯定是真。

是不是有些理解了呢？我们再举一个例子。

如图 6-4 所示，在图中我们看到，这次作为判断条件的六边形方块换成了"检测任意键是否被按下"。这段程序表示，当点击小旗子图标执行程序的时候，如果任意键盘上的按键被按下了，这个判断条件就为真，就会执行"将角色的大小增加 -10"，如果没有任何按键被按下，就会执行"将角色的大小增加 10"。

图 6-3

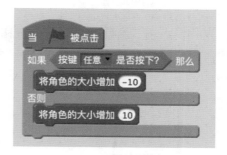

图 6-4

老师，那使用一个肯定正确（为真）的判断条件有什么意义呢？比如"1<2"。这样的话直接执行正确的结果不就行了吗？

问得好！这只是一个例子，实际程序中是不会出现的。为了实现程序功能，我们往往需要把变量引入判断，这样的话，判断条件的结果就不固定了。

那么如果判断条件的结果不固定会怎么样呢？

正确（为真）就走正确的路线，不正确（不为真）就走不正确的路线，这样才能充分发挥判断条件和变量的意义。接下来我们会详细讲到变量。

6.1.2　什么是变量

变量，顾名思义，就是变化的数量。在 Scratch 2.0 中，可以用一个变量来表示各种变化的数量，这样不但能使我们的程序更贴近实际，也能让你充分理解编程的思想。

在 Scratch 2.0 中，我们首先看到在积木集中有一个"数据"选项，打开"数据"积木集，并没有看到积木，而是看到两个按钮，如图 6-5 所示，它们分别是"建立一个变量"和"建立一个列表"。我们暂且把列表放在后面的章节讲，这里让我们先来详细了解一下变量的使用方法。

首先我们点击"新建一个变量"按钮，会出现一个对话框，填入变量名"分数"，选择默认的"适用于所有角色"单选选项，如图 6-6 所示，然后点击"确定"按钮。

图 6-5　　　　　　　　　　　　　　图 6-6

点击"确定"按钮后，在舞台的左上角出现了一个显示内容为"分数"的框，然后在"数据"积木集中，出现了对变量"分数"进行各种操作的积木块，分别用于设定"分数"、增加 / 减少"分数"及显示 / 隐藏变量"分数"。同时，"分数"变量本身也是一个可以操作的椭圆形积木，如图 6-7 所示。

小提示：别急，变量的操作我们会在下一节详细学习。

图 6-7

6.1.3　变量和判断的关系是什么

为什么我们把变量和判断在同一章来讲呢？因为变量和判断的使用是分不开的。

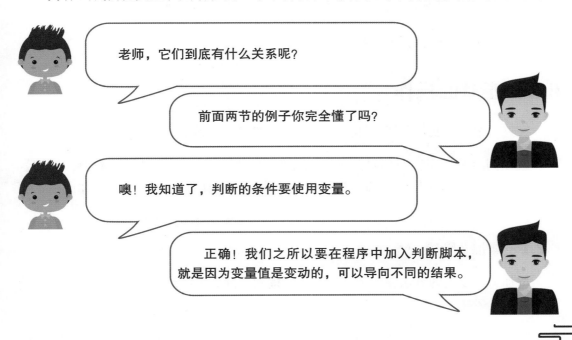

老师，它们到底有什么关系呢？

前面两节的例子你完全懂了吗？

噢！我知道了，判断的条件要使用变量。

正确！我们之所以要在程序中加入判断脚本，就是因为变量值是变动的，可以导向不同的结果。

举一个简单的例子，小明的分数最开始是 0 分，每次考试进步 10 分，满分是 100 分，不是满分的时候他会觉得很遗憾，会再加油，满分以后他就会觉得很高兴。这样的一个程序需求，就是把分数当作变量，让变量每次增加 10，直到 100 分，再经过是否等于 100 分的判断，就会得到"满分高兴"或者"不满分遗憾"的结果。

积木块如图 6-8 所示。

在积木块中，我们将程序重复了 11 次。这是因为，第 10 次虽然加到了 100 分，但是没有经过再次判断，所以无法得到角色高兴的结果，而到第 11 次循环时，分数已达到 100 分，角色很高兴，且程序直接结束，而不会把分数加到 110 分。

最终，经过 11 次循环后的结果如图 6-9 所示。

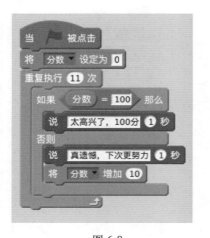

图 6-8

图 6-9

大家看明白了吧，这就是程序的神奇之处！

6.2　变量的操作

在这一节里，我们系统、详细地学习一下如何在 Scratch 2.0 中操作一个变量。

就如同上述例子中我们见到的一些操作，变量可以在程序里进行赋值、增加、减少和删除等常规操作。熟练掌握好这些操作，可以让你的程序设计如你所愿，更加精准。

6.2.1　增加 / 删除一个变量

增加一个变量的方法在上述介绍中已经提到，即点击"建立一个变量"按钮，然后输入变量名称。

我们可以增加多个变量，比如，现在来建立两个变量，分别是"分数"和"年级"，如图 6-10 所示。但是，操作变量的积木为什么没有成倍增加呢？这是因为，一个程序可能涉及很多变量，如果都成倍增加积木块，会占用很多地方。如图 6-11 所示，我们可以通过积木里的小三角来选择被操作的变量名称。

删除一个变量也很容易，用鼠标右键单击变量列表中的变量名称积木，然后选择"删除变量"命令，就可以了，如图 6-12 所示。

图 6-10

图 6-11

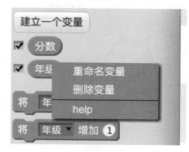

图 6-12

6.2.2　显示 / 隐藏一个变量

变量建立以后，会默认在舞台上显示一个包含变量名称的框，随时记录变量的数值变化，十分方便。但是，在有些程序里（比如游戏），显示变量框会阻碍人的视线，遮挡一些必要的背景，这时候，我们可以利用操作积木控制变量框显示和隐藏的时间。

下面我们来看一个例子。

第一步

编制程序实现以下功能：当绿旗子被点击时，显示变量"年级"和"分数"。

当然，前提是你已经建立了两个名字分别叫"年级"和"分数"的变量。

第二步

让角色说话 2 秒，内容为"现在准备开始隐藏年级和分数了"。

这一步只是为了把注释的话说出来，方便演示，并不会对程序产生实质影响。

第三步

隐藏变量"年级"和"分数"，然后说"现在隐藏啦"2 秒钟。

程序如图 6-13 所示。

图 6-13

点击小绿旗子，试一试有什么效果。如图 6-14 和图 6-15 所示。

图 6-14

图 6-15

好神奇呀！

嗯，当你们熟练掌握了这些技巧，编出自己的小小程序会是一件很有成就感的事。

6.2.3 建立专属角色的变量

在上述小节中，我们建立了共有变量，但是有些变量只属于其中一个角色，另外一个角色不能使用，这样的变量在某些程序里需要用到。

比如，我们有两个角色，小猫和 Abby，如图 6-16 所示。

我们把光标移到角色 Abby 上，新建一个变量，然后选择"仅适用于当前角色"。

图 6-16

如图 6-17 所示,点击"确定"按钮。

这时我们就发现,舞台上的变量框中显示了"Abby 的变量",如图 6-18 所示。

图 6-17

图 6-18

这说明,这个变量就是专属于当前角色 Abby 的专有变量,其他角色无法使用和操作该变量。

这一章内容讲完了,大家理解了什么是变量和判断了吗?在我们设计的程序中,变量和判断的应用场景很多,多加练习,就能熟练掌握其中的诀窍。

第 7 章　做个小小数学家吧
——Scratch 中的运算

　　用 Scratch 可以帮助你成为小小数学家。这一章我们来讲讲如果用 Scratch 解决数学问题。

数学我也会，不用编程序我也能算出来。

对啊，再说对太难的题我们也可以用计算器啊！

你们说的只是简单的数字运算，而程序可以用计算和算法实现更复杂、更生动的功能。

7.1　数学运算

　　大家从小都学过数学，数学是研究客观物质世界的数量关系和空间形式的学科，它具有概念抽象性、逻辑严密性以及应用广泛性等特点，所以从小学就被列为主课和各种考试必考科目。

　　Scratch 创意编程与数学学科的有效融合，有助于激发学生的学习兴趣，使部分抽象的数学问题直观化，培养学生的创新意识和计算思维，发展学生的逻辑推理能力和空间想象力。

　　在 Scratch 2.0 里，提供了丰富的运算法则，只是我们需要把数学运算法则落实到程序里，不是简单的像使用计算器一样的操作，因为我们的程序绝大多数不是为了得到一个结果，而是把复杂的运算看作一个程序实现的过程。

7.1.1 基本的加减乘除四则运算

在 Scratch 2.0 积木集中打开绿色的"运算"积木集，如图 7-1 所示。

从图中我们看到绿色的各种积木都代表了某种数学运算功能。

本节中，我们讲述基本的加减乘除四则运算程序实现。大家一定都在学校学过四则运算，所以比较容易理解。我们来算一个基本的算式，然后让角色说出来，可以用很简单的几个积木来实现，如图 7-2 所示。

执行一下，角色就会说出这个简单的加法运算的结果，如图 7-3 所示。

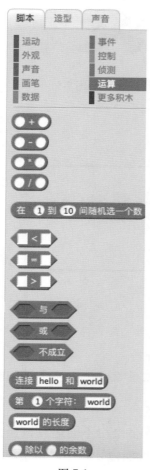

图 7-1

图 7-2

图 7-3

同样，减法、乘法和除法也能用这个方法很容易地获得运算结果，就如同计算器一样，简单、方便又实用。

再试一个稍微复杂一些的例子。比如，33 减去 22 再加上 66 与 88 的积。

用口算甚至计算器算这道题都不会马上得到结果，但是我们可以把运算条件写在积木块里，如图 7-4 所示，这样，马上就可以得到结果了。

点击小绿旗子，角色小猫咪马上说出了想要的答案，效果如图 7-5 所示。

图 7-4

图 7-5

现在我们基本掌握了四则运算的操作方法。

让小猫咪说出 10000 除以 2222 再乘以 8888 的结果。

下面让我们试一试更高级的运算编程方法。

7.1.2 理解运算优先级

我们都知道，运算的时候需要先乘除后加减，如果需要优先哪个级别的运算，就需要用括号将它括起来。

在实际运用中，一个数学运算表达式中可能包含多个由不同运算符连接起来的数字，因为表达式有多种运算方式，不同的运算顺序可能会导致不同结果，从而引起运算错误。

所以，当表达式中含有多种运算时，必须按一定顺序进行结合，才能保证运算的合理性和结果的正确性与唯一性。

比如，我们算一个常用的运算式 5+5×5，实际运算顺序是先乘后加。

这个算式的结果是 30（5+25），但是如果在程序中没有按照正确的运算优先级摆放积木，就会出现错误的结果，电脑可能会理解为 (5+5)×5=50，这样结果就和实际不一样了，所以我们在 Scratch 2.0 中写运算式时一定要注意按照运算的优先级来写。

下面，我们来把刚才举的例子在程序中实现一下让大家感受。

当我们的目的是计算 5+5×5 的结果时，我们需要罗列的运算积木如图 7-6 所示。在积木中我们看到，5×5 作为一个小乘法运算积木嵌套在大的加法运算积木的后框内，这个意思就是先运算小的乘法运算积木（相当于一个括号）再运算大的加法运算积木，从逻辑上符合先乘除后加减的运算法则，运行结果为 30。

当我们的目的是计算 (5+5)×5 的结果时，我们需要罗列的运算积木如图 7-7 所示。在积木中我们看到，5+5 作为一个小加法运算积木嵌套在大的乘法运算积木的前框内，这个意思就是先运算小的加法运算积木（相当于一个括号）再运算大的乘法运算积木，从逻辑上符合先算括号内的算式 (5+5) 再乘以 5 的运算法则，运行结果为 50。

图 7-6

图 7-7

这样我们就基本掌握了运算优先级的操作方法。

试一试　让小猫咪说出 500÷5+6×20 的结果。

7.1.3　生成一些随机数

这一节我们学习一下如何用 Scratch 2.0 生成一些随机数字。

老师，什么是随机数啊？

随机数就是电脑随机从一个数字集合里取一个数字。

是不是就像买彩票一样，有些选号就是随机的？

说得非常对！

第一步

打开 Scratch 2.0，点击"运算"模块，如图 7-8 所示。

我们看到里面有一个绿色的长条积木："在 1 到 10 间随机选一个数"。

这个长条积木的功能就是选择随机数。

我们把它拖至脚本区，执行这条语句后系统会随机给出一个 1 ～ 10 之间的整数。

第二步

可以通过角色说话的方式来表达一下执行这条语句后的结果：点击"外观"模块，选择"说你好 !2 秒"的紫色积木，然后将随机数生成语句放到"你好 !"的位置，如图 7-9 所示。

点击小绿旗子开始执行该语句，角色会随机说出 1 ～ 10 之间的数字。

生成随机数的语句其实用处多着呢，远远不是说一个数字那么简单！

比如，还可以用这条语句实现角色在舞台随机自由移动。

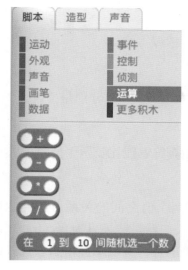

图 7-8

图 7-9

第一步 点击"动作"模块，选择"在一秒内滑行到 x：0 y：0"的蓝色积木。

第二步 将生成随机数的积木分别放在蓝色积木的 x 坐标和 y 坐标上，再将 x 坐标的随机数范围改为 –100 ~ 100，y 坐标的随机数范围改为 –100 ~ 100，重复执行该语句，即可实现角色的随机移动。最终脚本如图 7-10 所示。

图 7-10

点击小绿旗子执行一下！

想一想 还有什么功能需要用到随机数呢？

7.1.4　什么是比较运算

首先让我们来看看 Scratch 2.0 里的比较运算积木。

打开 Scratch 2.0，点击"运算"模块，发现 3 个六边形积木，分别是"大于""等于"和"小于"的比较表达式，如图 7-11 所示。

Scratch 2.0 允许做各种各样的判断，使用比较运算符就能比较两个变量的大小关系，即"大于""小于""等于"。

这些操作符也叫关系操作符，因为它用来比较两个值之间的关系。这类运算表达式叫作布尔表达式（Boolean）。所谓的布尔表达式，就是结果只为真（true）或者假（false）的表达式。它被广泛应用于各种编程高级语言，所以掌握布尔表达式的意义和应用对编写程序是很有用处的。

对数值的比较大家都比较了解，这里就不再细讲，我们主要讲一讲字符串的比较。来看看下面一组试验。

第一步　打开 Scratch 2.0，定义变量 x 和 y，如图 7-12 所示。

第二步　将变量 x 和变量 y 分别设置为字符串"Hello"，如图 7-13 所示。

图 7-11

图 7-13

图 7-12

第三步　在"外观"积木集里，找到并使用"思考"积木，把比较表达式"x=y"添加到思考的内容里，如图 7-14 所示。

紫色积木"思考"的意思是，判断后面的比较表达式（布尔表达式）是否为真（true）。

现在，点击小绿旗子开始执行程序。

得到的结果如图 7-15 所示，角色思考的结论为真（true）。很显然，变量 x 和变量 y 的值都是字符串"Hello"，即 x 等于 y，答案肯定是真。

图 7-14

图 7-15

请注意：

1）比较字符串会忽略字母的大小写。

2）空格也是字符串的一部分，所以空格也要参与比较，请注意空格。

第四步　让我们稍微改变一下思考的逻辑条件，看看程序中思考的结果会不会有变化。

把思考对象"x=y"变为思考对象"x>y"，如图 7-16 所示。

x 和 y 的值都是字符串"Hello"，所以当思考"x>y"时，得到的结果肯定为假（false）。让我们来运行一下，看看结果，如图 7-17 所示。

图 7-16

让我们再试一个比较运算符的例子。

我们常会见到问答题，就是在一道题中选择一个答案后被告知结果。用我们已经学到的比较运算符就可以编出一个问答题程序，如图 7-18 所示。

在以上的例子中，我们先设定一个问题，"我国一共有多少个民族？"，然后用比较表达式积木"答案大于 / 小于 / 等于 56"来输出不同的结果。在这里，比较表达式用于对条件的判断，影响角色说出的话语，这也是最常见的问答类程序的设计方法。

图 7-17

图 7-18

运行一下结果看看吧。

太有趣了，原来那些问答类程序都是这么做的啊？

对，这就是编程的有趣之处。

7.1.5　什么是逻辑比较

在学习这一节时，可能其中的概念对于没有编程基础的读者来说有一些抽象。不过没有关系，经过一些练习，你就能熟练掌握逻辑比较的概念，从而更好地理解编程原理。这些概念并不只是针对 Scratch，它们在数学、电子和计算机专业是通用的，掌握好这些知识有助于你进入更高级的编程领域。

首先打开"运算"积木集，我们看到"× 与 ×""× 或 ×""× 不成立"3个绿色的积木块，如图 7-19 所示。

下面我们来解释一些概念。

● 与：当两个布尔表达式都为 true 时，结果为 true，否则为 false。

● 或：只要有一个布尔表达式为 true，则结果为 true。

● 不成立：当布尔表达式结果为 false 时，则结果为 true。

对于"不成立"，我们可以理解为相反的意思，true 经过该表达式的处理就变成了 false，而 false 就变成了 true，这很好理解。

对于"与"和"或"的区别，我们来看下面两个例子。

● 真（True）与假（False）：结果是假（False）。

● 真（True）或假（False）：结果是真（False）。

让我们用程序来演示一下。

第一步　打开 Scratch 2.0，定义两个变量 x 和 y，如图 7-20 所示。

第二步　将变量 x 和变量 y 分别设置为字符串"Hello"，如图 7-21 所示。

图 7-19

图 7-21

图 7-20

第三步　在"外观"积木集里，找到并使用"思考"积木，把逻辑表达式"x=Hello 与 y=FHello"添加到思考的内容里，如图 7-22 所示。

在图 7-22 中，我们看到思考的内容是"x=Hello 与 y=FHello"，"与"前后的条件分别为 true 和 false，根据我们上面的介绍，真"与"假结果是假（false）。

执行这个程序验证一下：角色小猫的思考结果果然是"false"，如图 7-23 所示。

第四步　我们把上面的程序稍微改一下，把"与"换成"或"，如图 7-24 所示。那么结果就会不同，如上所讲，真（true）"或"假（false）就会得到真（true）的结

果。（如图 7-25）

图 7-22

图 7-23

图 7-24

图 7-25

7.1.6　如何操作一个字符串

本节介绍的是 Scratch 2.0 中运算符积木块对于字符串的操作。

注意：字符串是由数字、字母和下画线组成的一串字符。

首先我们打开 Scratch 2.0，打开"运算"积木集，能看到图 7-26 所示的积木。

图 7-26

在编程过程中，字符串操作有着很重要的应用，有很多函数库可以帮我们完成各种字符串运算。在 Scratch 2.0 中，"运算"积木集中只有以上 3 个基本的字符串操作积木，它们的意思很容易理解。这 3 个绿色积木看似简单，但是可以实现很强大的功能，我们千万不要忽视。

其中，"连接 hello 和 world"这个积木比较常用，一般代表两个字符串变量之间的结合。我们先来做一个简单的例子。

这是一个简单的问答题程序使用"连接"积木来实现。首先询问"你多大了"，然后让角色说出由输入答案和其他字符串连接而成的一个完整的句子，这里将两个"连接"积木块连在一起使用，达到连接多个字符串的目的。

年龄问答程序的实现步骤如下。

【第一步】　构造一个开始的积木和一个询问内容的积木。目的是先让角色和操作者对话，询问"同学你好，请问你多大了？"，如图 7-27 所示。

【第二步】　添加一个"说 ××2 秒"的紫色积木，作为角色回答的主题结构框，如图 7-28 所示。

图 7-27

图 7-28

【第三步】　构造问题的答案，这时候我们就需要使用连接字符串的积木了，这一步是最关键的。

实际上一个完整的标准回答应该是："你好，我今年 ×× 岁了"

观察这个答案，我们需要设计 3 段字符串并将它们连接在一起。

第一段字符串："老师您好，我今年"，代表头文字结构。

第二段字符串：××，代表问题的答案输入，往往是一个数字。

第三段字符串："岁了"，代表尾文字结构。

将这些字符串结合在一起，就需要使用两个连接积木，如图 7-29 所示。

图 7-29

好了，主体程序构造完毕，开始执行。

先显示问题，如图 7-30 所示。

然后在下面的输入框内手动输入"10"，点击右侧按钮确定，角色果然按照我们设计的结构进行了回答："老师您好，我今年 10 岁了"，如图 7-31 所示。

图 7-30

图 7-31

接下来，我们再做一个练习，让角色从我们所说的话中找到第 3 个字符。

通过这个示例，我们需要掌握"第 × 个字符：×××"和"×× 的长度"这两个积木的使用方法。

积木构造如图 7-32 所示。

在图 7-32 中，我们看到，这个积木连接很复杂，但是只要我们仔细观察，这个积木程序的逻辑含义就会很清晰。

首先，这个回答语句一共用了 3 个连接积木，这代表答案中需要用 4 段字段连接。

第一段：文字"一共有"。

图 7-32

第二段：积木"回答的长度"（指的是你输入那段文字的长度）。

第三段：文字"个字符，第三个字符是："。

第四段：输入文字中的第 3 个字符。

开始执行，在下面的输入框中输入一段文字："我们今天很高兴"，如图 7-33 所示。

我们今天很高兴

图 7-33

然后点击右侧按钮确定，结果如图 7-34 所示。

图 7-34

关于这一节中的 3 个字符串操作积木，我们就讲完了。

好复杂啊，为什么不能在一个输入框写完呢？还需要连接积木？

不能，因为很多答案是由文字段和变量（例如回答）构成的。

明白了，看来我们多练习一下就能掌握了。

对，概念你们都掌握了，多练习一下就熟练了。

7.1.7 四舍五入、获取余数以及其他运算

本节让我们来学习 Scratch 2.0 中对四舍五入、余数以及其他运算的操作。

首先，让我们打开 Scratch 2.0，打开"运算"积木集。

我们看到 3 个绿色积木，分别是"×× 除以 ×× 的余数""将 × 四舍五入""其他运算"，如图 7-35 所示。

我们都学过除法余数和四舍五入的概念，从字面意思来看，这些积木的作用就很好理解了。

图 7-35

让我们来举一个例子。

如图 7-36 所示，我们让角色说出 9 除以 2 的余数。9 除以 2 余数为 1，角色很容易就说出了答案，如图 7-37 所示。

同理，我们再试一个四舍五入的例子，将 9 除以 2 的答案进行四舍五入，如图 7-38 所示。

9 除以 2 等于 4.5，按照四舍五入的规则，答案应该是 5，如图 7-39 所示。

强大的 Scratch 2.0 还提供了很多其他的运算功能，如图 7-40 所示。

图 7-36

图 7-37

图 7-38

图 7-39

图 7-40

对很多科学运算我们就不在这里一一举例了。

通过本节的学习，我们理解了运算符的使用，经过足够地练习以后，在编程中我们完全可以实现成为一个小小数学家的梦想。

7.2 数学运算实例：角谷猜想（＊有教学视频）

下面我们来做一个数学运算实例：角谷猜想。

※ 背景

1976 年的一天，美国《华盛顿邮报》于头版头条报道了一条数学新闻。

文中记叙了当时美国各所校园内，人们都疯狂迷恋一种数字游戏。这个游戏的

规则十分简单，但是结果却很奇特。它的规则是，写出任意一个正整数 N，然后按照一定的规律进行变换。

● 如果是个奇数，则下一步变成 3N+1。

● 如果是个偶数，则下一步变成 N/2。

各行各业的人都纷纷加入。人们发现，无论 N 是怎样一个数字，最终都无法避免回到谷底 1。准确地说，是无法逃出落入底部的 4 → 2 → 1 循环。这就是著名的角谷猜想。

例如给出任意一个正整数 20，计算过程如下。

20/2=10

10/2=5

5*3+1=16

16/2=8

8/2=4

4/2=2

2/2=1

现在，让我们用 Scratch 2.0 编程来证明这个结果吧。

⚡ 注意：视频演示中的有些知识点在后续章节会详细讲到，我们在这里只需关注运算符在程序里的应用。

※ 操作步骤

第一步

初始化。我们首先定义"当角色被点击时"积木作为起点。

然后，在"数据"积木集中定义两个变量和一个列表，如图 7-41 和图 7-42 所示。

● 两个变量分别为："猜想数""运算"。

● 一个列表为："结果"。

图 7-41

图 7-42

第二步

完成初始化模块。

● 删除列表所有项的内容，相当于初始化"结果"列表。

● 询问"猜想数"。

● 将"猜想数"设定为输入的回答。

然后，我们制作一个新的积木，叫作"角谷猜想"，作为调用函数，并将变量"猜想数"作为参数输入到新的函数中（角谷猜想），如图 7-43 所示。

第三步

构造新的积木函数（角谷猜想）模块。

我们首先设置变量"运算"为输入参数。

然后，设定重复执行直到变量"运算"等于 1。这个设置的意思就是将猜想数反复运算直到数值为 1 时停止角谷猜想。

循环里的操作是本章的重点，具体如下。

● 如果数值是偶数（即变量"运算"除以 2 的余数等于 0），就除以 2。

● 如果数值是奇数（即变量"运算"除以 2 的余数不等于 0，进入"否则"分支），就乘以 3 再加 1，如图 7-44 所示。

图 7-43

图 7-44

这样，我们就完成了整个程序，如图 7-45 所示。

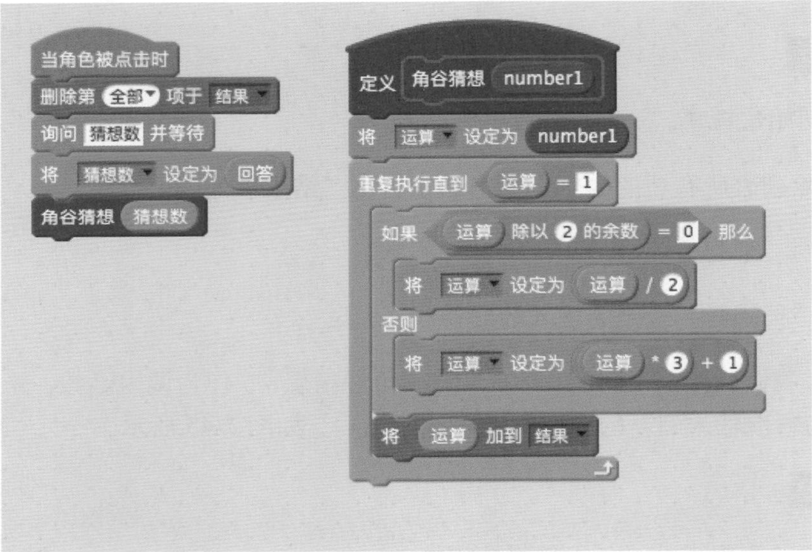

图 7-45

在舞台区，我们可以用鼠标点击一下角色，这时就会提示输入一个猜想数，如图 7-46 所示。

输入一个数 20，点击右侧按钮确定，舞台中就会出现运算结果和过程，可以看到这与上述的理论是一致的，如图 7-47 所示。

同样，我们可以输入其他任意正整数，都会看到整个运算处理过程。

至此，我们的角谷猜想程序就完成了。

图 7-46

图 7-47

第8章 把脑中的思路转换到程序中
——"逻辑"的概念与应用

本章我们来学习一下逻辑在 Scratch 2.0 中的应用。在之前的章节示例中，我们也见到了一些逻辑的体现，比如分支、循环等，这一章会详细地讲述一下每个逻辑功能的应用。

老师，什么叫逻辑呢？

嗯，某种意义上来说，就是你脑子里的思路。

噢，是不是 Scratch 可以把我脑子里的逻辑放到程序里？

是的，只要熟练运用，Scratch 可以实现非常复杂的逻辑。

8.1 让我们控制一下脚本执行

在脚本执行过程中，我们是可以通过编程控制脚本的停止或者分支走向的。

8.1.1　停止脚本执行

在脚本中，我们可以控制脚本的启动和停止。

首先我们打开 Scratch 2.0。

打开 "控制" 积木集，找到黄色的积木块 "停止全部"。

让我们写一个小程序试一下。

如图 8-1 所示，首先将 "当按下空格键" 作为程序开始的触发键。

然后重复执行 "移动 10 步" 和 "克隆角色 1"，就是复制一模一样的角色。

现在我们按下空格键开始运行程序，会怎么样呢?

我们看到默认角色小猫一直在向右移动，并且不断地复制自己，停不下来，如图 8-2 所示。

图 8-1

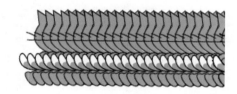

图 8-2

这时候，我们需要及时让程序停止。当然，我们可以手动点击红色圆圈状的 "停止" 按钮，但是这属于手动停止，我们需要掌握的是用程序自动停止。

加上 "停止" 积木后的程序如图 8-3 所示。

这次为了看得清晰，我们把 "克隆角色 1" 积木放在了 "移动 10 步" 的前面，先克隆再移动，移动完成后，停止当前脚本。将程序再执行一下看有何区别。

如图 8-4 所示，小猫只移动并复制了一次就停止了。

图 8-3

图 8-4

同样，这个停止积木是可以选择停止的脚本类型的，点击后面的下拉三角，就会出现几个选项：全部脚本、当前脚本和角色的其他脚本，如图 8-5 所示。

每一个选项的意思都很容易理解，我们可以根据实际的应用需要来选择合适的选项。

图 8-5

8.1.2 执行一个循环

在前面的章节里，一些示例中包含循环。循环在编程中是一个重要的环节和常用的方法，下面让我们系统地认识一下 Scratch 2.0 里的循环。

本节是 Scratch 中重要的一环，在经过前面的讲解之后，我们已经对 Scratch 有了一个初步的了解，同时也有了一定的兴趣。

在 Scratch 2.0 的积木集中，我们已经能找到控制循环的积木，如图 8-6 所示。

"循环"就是重复地做一系列事情。在程序中，我们可以将需要重复的事情进行一定次数、无限次或者有条件的循环。

在图 8-6 中，下面的积木是没有注明循环次数的"永久循环"，意思是一直重复做同样的事情。在生活中的例子有，太阳每天升起、人每天起床睡觉，还有月亮到中秋节就会变圆。当然我们在这里不考虑例外，只考虑一个等同现象，这个现象所代表的这些永远在重复的事情，没有约束，也没有结束的时候，这一类循环叫作"永久循环"。

这种循环在 Scratch 2.0 里对应的是黄色积木集"控制"中的"重复执行"积木。

同样，在图 8-6 中，我们看到上面的黄色积木可以填写控制循环的次数。

"有次数的循环"的意思是将一件事情重复做 ×× 次。在生活中也有很多例子，比如重复抄写古诗 10 遍、重复吃 20 个饺子和围着体育场跑 3 圈。这些重复并有固定次数限制的事情做了几遍之后就停止了，没有老师会要求学生没完没了地抄写古诗或者围着体育场跑。所以在类似情景的实现中，我们必须对循环的次数加以控制。

这种循环在 Scratch 2.0 里对应的积木是"控制"积木"重复执行 ×× 次"。这一类循环的关键是次数。

如图 8-7 所示，其中的黄色积木可以填写控制循环的条件。

图 8-6

图 8-7

"有条件的循环"的意思是如果没达到设定的要求就重复做同样的事情。生活中也有很多例子，比如：没有雾霾就出操、没吃饱就继续吃，等等。这些重复的事情一直在做，当遇到特定的条件（如上述的雾霾天、吃饱）时才可以停下。这个条件就是我们设计程序的关键。

这种循环在 Scratch 2.0 里对应的积木是"控制"积木集中的"重复执行直到 ××"。这一类循环的关键就是条件，如图 8-7 所示。

下面我们来练习一个简单例子。

我们首先设计一个场景：角色小猫很饿时就需要吃包子，而且小猫吃 10 个包子才会吃饱。包子只能一个一个吃，每次没吃饱的时候，小猫就再吃一个，吃饱了就不再吃了，这时小猫就会说，它吃了十个包子，吃饱了！

在这个场景的程序设计中，除了要设计角色小猫说的话以外，最关键的就是设计本节中讲到的条件循环，即当小猫吃的包子数已经达到 10 个时，就要跳出循环，小猫就会表达自己吃饱了。

我们把吃的包子的数量作为循环条件中的变量，具体步骤如下。

第一步

设定一个变量"A"，记录小猫吃的包子数，如图 8-8 所示。

图 8-8

第二步

初始化主程序，先让小猫说自己很饿，然后把变量初始化为 0，如图 8-9 所示。

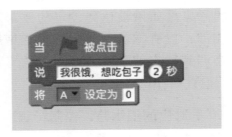

图 8-9

第三步

定义一个条件循环，设定条件为"A=10"，让这个循环一直执行，直到"A=10"为止。循环内部为：每次让变量"A"加 1，相当于小猫吃一个包子，然后让小猫表达"我已经吃了 ×× 个包子，但是还不够"。程序如图 8-10 所示。

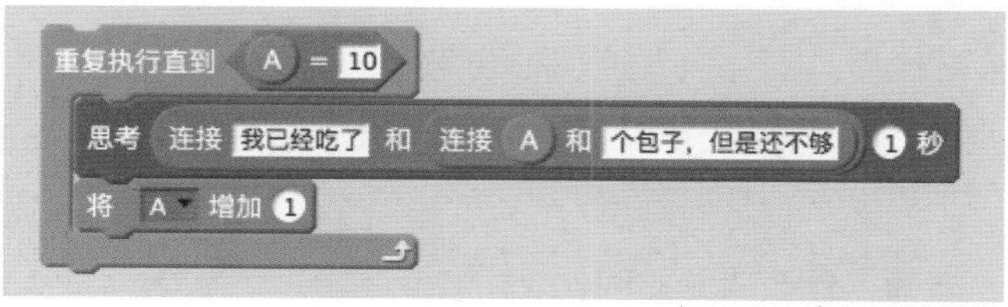
重复执行直到 A = 10
思考 连接 我已经吃了 和 连接 A 和 个包子，但是还不够 1 秒
将 A 增加 1

图 8-10

第四步

循环结束时，也就是小猫吃了第十个包子，已经吃饱了，这时，让小猫说“吃了十个包子，我终于吃饱啦”。

整个程序如图 8-11 所示。

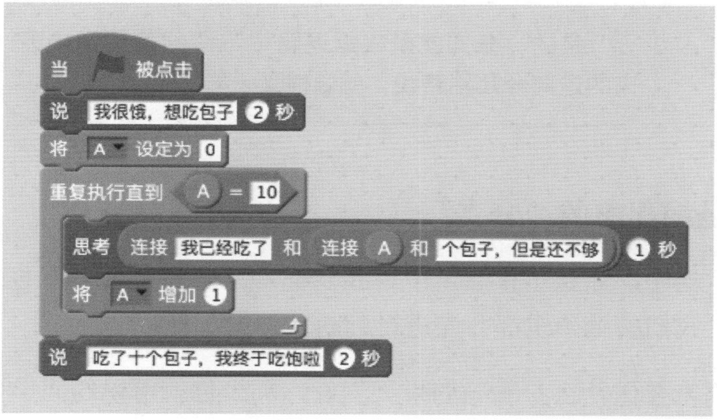
当 被点击
说 我很饿，想吃包子 2 秒
将 A 设定为 0
重复执行直到 A = 10
思考 连接 我已经吃了 和 连接 A 和 个包子，但是还不够 1 秒
将 A 增加 1
说 吃了十个包子，我终于吃饱啦 2 秒

图 8-11

执行一下试试！

我们可以看到，小猫先是一个一个地吃包子，每吃一个就会想一下自己的状态，然后吃完第 10 个时就说自己已经吃饱了。

效果如图 8-12 和图 8-13 所示。

我已经吃了5个包子，但是还不够

图 8-12

吃了十个包子，我终于吃饱啦

图 8-13

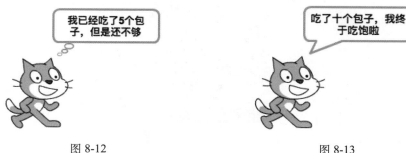

8.2　控制分支

老师，什么叫分支呢？

是不是像树杈一样分枝呢？

是的，分支就是根据逻辑中不同的条件把接下来的走向分几种路线，就像树杈一样。

8.2.1　什么是编程中的"分支"

无论是在生活中，还是工作学习中，我们都常常遇到大大小小的选择，当一个选择摆在面前时，我们的脑子里都会先进行判断，再做选择。

比如：你周末要做什么？——如果天气好，那么你就可以约同学一起出去玩；如果周末有雾霾，那么你就在家里看电视和学习。不同的判断条件会导致不同的结果，这就是我们在编程语言中常说的分支结构。通过本节，我们会学到两种类型的分支结构。

首先，我们打开 Scratch 2.0。

在黄色的"控制"积木集里我们会发现两个分支结构积木，如图 8-14 所示。

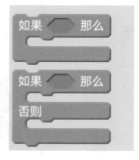

图 8-14

1.　如果 ×× 那么……

这个积木代表，当达到一定的条件时进入这个分支，这很好理解，并且在编程中也很常用。

2.　如果 ×× 那么……否则……

这个积木代表，当达到一定的条件时进入"那么"后的分支，否则会进入另一个分支执行其他的命令。它和前一个积木的区别是，这个积木在达不到条件的时候，会执行"否则"分支的命令，而前一个积木在达不到条件时什么也不做。

8.2.2　做一个小猫移动的程序

下面我们来做一个小猫移动游戏。

我们在设计这个游戏的时候，目的是体现分支结构的应用，设计的规则是：用鼠标来控制小猫角色的移动，碰到不同的颜色就会有不同的结果，比如碰到边框就会失败，碰到目标颜色就成功过关。

第一步

我们自己绘图做一个颜色分明的背景，如图 8-15 所示。在这个背景中，我们规定移动目标为黑色圆球，红色是小猫可移动的区域，白色为边界，如果碰到边界就会提示游戏结束。

图 8-15

同时，不要忘了把我们的小猫角色缩小一些，否则太大了会不好控制，如图 8-15

所示。在角色编辑中，通过鼠标对角色小猫进行缩放，把小猫缩小到一个比较小的
形态。

图 8-16

第二步

完成绘图之后，我们就开始编程了。

我们要把角色的位置初始化到背景中的红色区域，然后把计时器清零，然后将"重
复执行"积木摆放到脚本区，如图 8-17 所示。

第三步

编辑重复执行的内容，让角色小猫按照我们定义的方向来移动。要做这些事情，
就要先定义角色移动的方向为"面向鼠标指针"，然后放置积木"移动 4 步"，代表
移动的速度（因为是"重复执行"积木里的，所以无论移动几步都会不断地移动，这
里定义一个比较适合操作的速度），接着定义"碰到边缘就反弹"，如图 8-18 所示。

图 8-17

图 8-18

第四步

定义我们刚刚学过的分支结构积木"如果……那么……"。

定义 3 条路线，代表游戏的 3 种结果。

● 第一种条件和结果：小猫碰到白色，代表游戏结束，出界了。

● 第二种条件和结果：小猫碰到黑色，代表到达目标颜色，游戏胜利。

● 第三种条件和结果：时间大于 15 秒钟，游戏结束，超时了。

我们来看看具体的程序，如图 8-19 所示。

图 8-19

在图 8-19 中，我们成功了定义 3 个分支的积木程序，实现小猫角色根据不同的路线方向会遇到的 3 个结果。现在点击小绿旗子开始执行，试一试吧！

部分情景的截图如图 8-20 ～图 8-22 所示，分别为游戏出界、成功过关和游戏超时的情况。

图 8-20

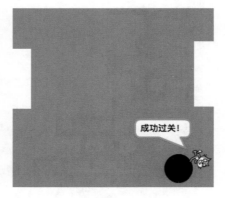

图 8-21

图 8-22

Steven 老师，太有意思了！

让我再玩玩，我就不信过不去！

好了，停止，这个游戏的操作很一般，主要是为了让大家深刻理解分支。

8.3　其他控制功能

在设计的程序中，我们也经常需要用到等待功能。等待在一般的程序中都分为两种，一种是固定了等待的时间，比如等待 ×× 秒，另一种是一直等待，直到另一个进程被触发。

在强大的 Scratch 2.0 中，我们也有对应的积木来体现这两种等待类型，如图 8-23 所示。

下面我们来分别介绍这两种等待情况的具体应用。

1. 等待 ×× 秒

这个积木一般用来延时等待一段具体的时间。

图 8-23

比如，我们制作一个小的时钟，想让秒针每间隔一秒就顺时针旋转一定的度数（按照 360°是一圈，我们算出每秒钟旋转的度数是 360°除以 60 等于 6°，所以应在程序中设定秒针每秒钟向右旋转 6°）。

首先我们绘制一个角色，像时钟一样，如图 8-24 所示。

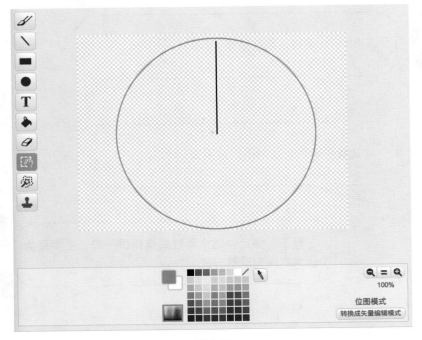

图 8-24

然后，我们定义脚本程序，如图 8-25 所示。

脚本很简单，先初始化秒针的方向为 90°方向（即 12 点方向），然后重复执行，每间隔一秒将秒针向右转 6°。

在图 8-25 的程序中，我们用到了本节学到的"等待 ×× 秒"的功能，其含意就是每等待一定的时间就做一件特定的事情。

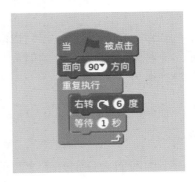

图 8-25

 如果我们模拟一个钟表中的分针和时针，分别要等待多久？怎么写脚本？

2. 在 ×× 之前一直等待

这条语句和上一条语句"等待 ×× 秒"不同，它的含意如下。

● 在条件没有被满足时，程序会一直等待。

● 在条件被满足时，程序会执行下一条脚本。

这样的功能在程序中常常被用到，被称为"有条件等待"。在游戏设计中，我们经常会用到这个功能，比如下面这个角色旋转的例子。

设计一个小程序，当按下空格键的时候，让角色旋转。

脚本设计很简单，重复执行当空格键被按下的时候旋转角色的命令，如图 8-26 所示。

执行一下试试。

可以看到，当空格键被按下的时候，小猫角色一直沿顺时针方向转圈，空格键松开的时候停止旋转，如图 8-27 所示。

图 8-26

图 8-27

8.4　当个小小广播员

Steven 老师，我们学校也有小广播员！

对，就如同小广播通知，有播放、有收听。

8.4.1　什么是广播

在 Scratch 2.0 中，广播就是在程序的不同角色之间播放和接收消息的一套机制。

首先我们打开主界面，再打开棕色的"事件"积木集，如图 8-28 所示。

在图中我们看到有 3 个棕色积木。

"当接收到 ×× 广播"代表一个角色事件的起始，比如角色 A 发出一个广播，角色 B 需要接收这个广播后才会进一步行动。

图 8-28

这样的设计在多角色互动的程序中很常见，相当于程序相互调用。

下一小节，我们来详细地讲一下广播调用的方法。

8.4.2 如何用广播

下面我们设计一个程序，来体会广播的应用，学习如何通过广播消息去触发故事情节。掌握广播消息的方法后，我们就可以通过程序来控制故事节奏了。

首先我们设计一段老师和学生的对话。

想一想，当角色说完第一句话的时候，老师怎么知道你说完了呢?

这就是通过消息广播来控制。下面我们来看看这是如何做到的。

首先我们在角色库中选取两位比较合适的人物形象"Dani"和"Abby"作为学生和老师。然后将他们调整到合适的大小，并且分别命名角色为"同学"和"老师"，如图 8-29 所示。

图 8-29

我们先来编写关于同学的脚本，让同学移动到老师旁边，然后说一句话："老师，您好"，如图 8-30 所示。

说完后，我们要广播一个消息出去，告诉老师，同学已经说完了这句话。这时我们就要用到本节讲到的"广播"积木，如图 8-31 所示。

图 8-30

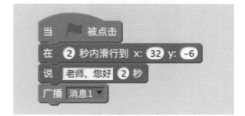

图 8-31

老师角色目前还是空白的，没有程序。下面我们来编写老师角色的脚本。设计老师接收到广播消息以后，说："同学你好！"如图 8-32 所示。

老师用 2 秒说了一句话。那么同学只需要 2 秒后等老师把话说完，就能说下一句话了。

把角色切换到同学，继续对话，如图 8-33 所示。

图 8-33

图 8-32

再次切换到老师那边，同样也是等待 2 秒，等同学说完后回答"我去上课去啊"。

老师的最终代码如图 8-34 所示。

再切回同学角色，完成这段对话，由同学回应"知道了，老师"。

这时候程序脚本编写完成，如图 8-35 所示。

图 8-35

图 8-34

点击开始执行程序的小绿旗子，看看这段对话吧！如图 8-36 和图 8-37 所示。

图 8-36   图 8-37

小结

通过本章的学习，我们熟悉了"逻辑"在编程中的概念和应用。构造程序时，逻辑非常重要，但只要多加练习，就能融会贯通。

第9章 让我们来制作游戏吧

本章非常重要，我们来系统地介绍一下如何用 Scratch 2.0 编写游戏。之前介绍过 Scratch 是一款强大的多媒体程序编辑器，支持游戏所需要的各种要素，甚至连极其复杂的大型游戏（如"植物大战僵尸"）都可以通过 Scratch 2.0 编写出来。

当然，我们介绍游戏制作的目的，并不是要教大家做出复杂的游戏，毕竟大型游戏涉及复杂的算法和角色，最好采用专业游戏开发平台。我们的目的是通过制作简单的游戏来掌握 Scratch 2.0 的使用方法以及加深对游戏编程思路的理解，这对以后更深入的学习是相当有益处的。

本章我们来学习制作游戏。

太好啦，我最喜欢游戏啦！

老师，我要自己编一个吃鸡的游戏！

大型游戏很复杂，我们先从简单的学起，不可能一口吃个胖子。

9.1 设计游戏角色和舞台的外观

首先我们来介绍一下如何设计游戏角色和舞台的外观。

在之前的章节我们曾经提到过角色和舞台的建立方法，这里我们再复习和巩固一下。一般来说，设计一个游戏时，舞台和角色的设计是必不可少的，并且经常需要不止一个角色和一个舞台。

比如，我们想设计一个小人踢球的游戏，那么首先就要构思一个舞台背景，也就是踢球的背景。我们可以打开"背景库"，选择一个 Scratch 2.0 自带的舞台背景作为游戏背景，如图 9-1 所示。

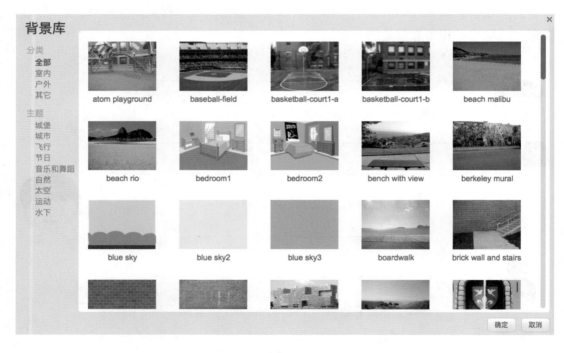

图 9-1

选择一个合适的图片作为游戏的背景，点击"确定"按钮。

然后选择两个角色，一个是踢球的人，另一个是足球本身。为什么要"人球分离"呢？因为我们的设计不仅要为踢球的人的轨迹和行为编写脚本，还要为足球的运动轨迹编写脚本。打开"角色库"，浏览并选择角色，如图 9-2 所示。

图 9-2

　　选择好后，分别调整角色的大小，使角色在背景中看起来比较协调，如图 9-3
所示。

图 9-3

　　调整完成后，小人踢球游戏的场景和角色就基本构造完毕了，如图 9-4 所示。

图 9-4

接下来，我们就可以对角色进行脚本编写来实现我们的游戏设想了。

值得一提的是，这只是一个很简单的游戏，一般一个复杂的游戏往往会设计上百个场景和角色，但是万变不离其宗，基本原理掌握了，再多的场景和角色设计也就不难实现。

9.1.1　让你的小小角色说话和思考

静止不动的角色往往缺乏表现力，在游戏中我们的角色经常需要通过说话和思考来更好地展现意图。

在积木区，我们可以找到让角色生动起来的说话和思考的积木。

打开主界面，再打开"外观"积木集，如图 9-5 所示。

我们尝试把积木放在角色的程序里，如图 9-6 所示。

图 9-5　　　　　　　　　　　　　图 9-6

　　然后点击小绿旗子开始执行程序，如图 9-7 所示，角色就会说出我们定义的语句"看我要踢球了"，展示时间 2 秒钟。

图 9-7

　　如果我们选择的是没有时间定义的"说话"积木，那么角色将会一直说这段话直到下一个说话命令到来。

　　思考也是一个道理。我们再来设计一个"思考"积木，如图 9-8 所示。

　　点击小绿旗子开始执行程序。如图 9-9 所示，角色会思考出我们定义的想法"我要好好踢球"，展示时间 2 秒钟。

　　和说话指令一样，如果我们选择的是没有时间定义的"思考"积木，那么角色将会一直思考这个想法直到下一个命令到来。

图 9-8

图 9-9

 小练习　　设计一个让两个角色对话的小游戏。

9.1.2　显示和隐藏一个角色

在 Scratch 2.0 的"外观"积木集中，有两个比较短的积木，分别是"显示"和"隐藏"，如图 9-10 所示，我们可以用这两个积木指令来控制显示和隐藏角色。

图 9-10

在游戏中，有时候需要让角色消失，有时候又需要让消失的角色出现，所以使用这两个指令可以实现我们设定的角色在舞台中的隐藏与出现。

为什么我们要设计让主人公消失呢？

你忘记了，角色可不一定是人，可能是一个足球，也可能是一只虫子。

我明白了，原来如此！

让我们来实践一下。

在图 9-11 所示的程序设计中，我们先让角色隐藏 1 秒钟，然后再显示出来。

图 9-11

点击小绿旗子，运行过程和结果如图 9-12 和图 9-13 所示，先隐身 1 秒，又重新出现。

图 9-12

图 9-13

9.1.3 改变你的角色造型

在本小节里，我们要学习如何改变设定角色的造型。

当我们选定一个角色的时候，这个角色的造型并不单一，如果单一的造型无法在舞台中生动地表现角色，也会影响游戏的表现效果。

首先我们来了解一下在哪里找到角色的造型。打开 Scratch 2.0，在默认角色小猫的"造型"选项卡中，默认有两个小猫的造型，如图 9-14 所示。

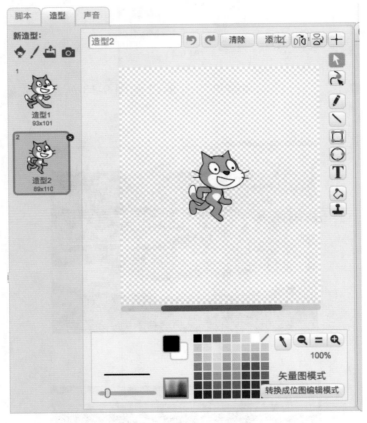

图 9-14

这两个造型分别是角色小猫走路的两个静态造型，但是当我们用程序将这两个造型连续展示的时候，小猫就动起来了。

关于如何使用造型切换，我们接下来的章节会详细讲到。造型是可以自己设置的，首先我们来看看如何设置我们自己喜欢的造型。

如图 9-15 所示，在角色的"造型"选项卡中，我们可以找到"新造型"功能区。

图 9-15

我们在"新造型"功能区  中可以选择：从造型库中选取一个造型、手绘一个新造型、从文件中读取一个造型图片，以及拍摄图片作为造型。

这里我们选择第一个，从造型库中选取一个造型。

点击图标打开"造型库"，为了找到适合默认角色小猫的造型，我们选择"动物"类别，如图 9-16 所示。

图 9-16

在造型库中，找到小猫的另外两个造型，分别是"cat1 flying-a"和"cat1 flying-b"，如图 9-17 所示。

把这两个小猫造型加入到我们的造型里。

于是，现在的造型列表中就有了 4 个小猫造型，如图 9-18 所示，这样我们在游戏程序设计里的应用场景就可以更加丰富多彩了。

cat1 flying-a   cat1 flying-b

图 9-17

图 9-18

老师，我们自己再画几个小猫的其他造型可以吗？

可以，只要你画得够好就行。

我知道，用画图板稍微改改就是另一个造型了！

对，这个方法很聪明！

9.1.4 游戏舞台的背景和特效

上一节我们学会了如何选择适合游戏主题的舞台。本节中，我们学习一下如何对游戏舞台的背景进行切换和特效化。

首先打开 Scratch 2.0，我们分别设置小猫活动的两个背景：室内背景和室外背景。选择合适的背景图，然后分别命名两个背景为"室内"和"室外"，如图 9-19 所示。

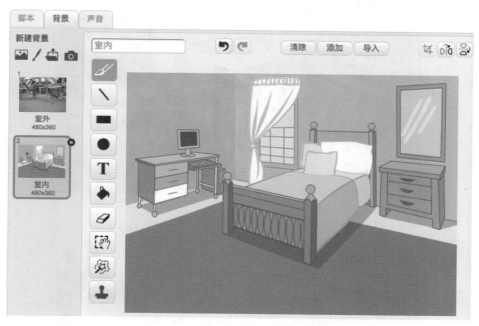

图 9-19

在背景图中，我们选择"脚本"标签（请注意这个脚本是针对背景的脚本编辑，而不是对角色的脚本编辑，不要选错了），开始编写一个简单的示例脚本，如图 9-20 所示，开始时我们先让小猫在室内待两秒钟，然后将背景切换到室外。

图 9-20

点击小绿旗子开始运行，角色小猫的背景从室内切换到了室外，如图 9-21 和图 9-22 所示。

图 9-21

图 9-22

对背景的操作除了切换以外，我们还可以通过脚本对背景进行特效化操作。Scratch 2.0 中针对图形的特效功能非常强大，包含了很多操作项目，一般来说，大多数的特效操作是用不到的，用多了反而会导致图片失真，只有在一些特殊的游戏或者动画制作中，我们才需要加一些特效来增强效果。

如图 9-23 所示，在脚本中，我们可以对背景的"颜色""鱼眼""旋转""像素化""马赛克""亮度""虚像"特效进行编辑。

我们在这里举几个常用的特效设置实例来看一下效果。

首先，我们设置"将颜色特效增加 25"的效果，如图 9-24 所示。

图 9-23

图 9-24

执行后颜色的变化如图 9-25 所示。

图 9-25

以上是"颜色"特效设置后的效果。我们再试一下"将亮度特效增加 25"的效果。

结果如图 9-26 所示。

图 9-26

以下是"将虚像特效增加 50"的效果，可以看出背景画面虚化得很明显，如图 9-27 所示。

图 9-27

在这里我们就不对这些特效一一列举了。值得一提的是，Scratch 在背景"外观"积木集中设立了"清除所有图形特效"的积木，如图 9-24 中的最后一个积木，如果需要恢复原图，别忘了用这个积木就可以马上清除所有特效了。

9.1.5　游戏造型的特效

上一节我们学习了如何对游戏舞台的背景进行切换和特效化，本节我们学习如何对角色造型进行特效化和切换。

首先打开 Scratch 2.0，在默认的小猫角色下，有两个默认的造型。我们先操作默认的第一个造型，打开"外观"积木集，如图 9-28 所示。

我们看到就像上一节中对背景进行特效操作一样，对当前角色造型也是进行颜色等特效的设定。

把积木移到脚本区，点击下拉三角，如图 9-29 所示，我们可以对角色造型的"颜色""鱼眼""旋转""像素化""马赛克""亮度""虚像"特效进行编辑。

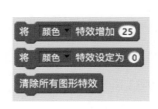

图 9-28

图 9-29

同样，对角色我们也举几个例子来看一下强大的 Scratch 2.0 提供的特效效果。

我们可以将"颜色"特效值增加 25，如图 9-30 所示。

图 9-30

运行后，小猫的"颜色"特效值增加 25，如图 9-31 所示。

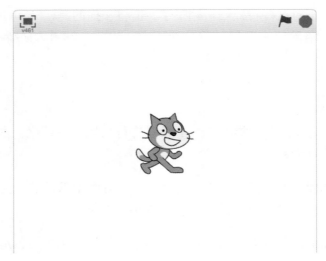

图 9-31

我们也可以将"鱼眼"特效值增加 50，如图 9-32 所示。

图 9-32

运行后，小猫的"鱼眼"特效值增加 50，如图 9-33 所示。

图 9-33

再试一下，将"旋转"特效值增加 50，如图 9-34 所示。

图 9-34

运行后，小猫的"旋转"特效值增加 50，如图 9-35 所示。

图 9-35

　　角色的特效设定我们就学完了，现在，我们再来了解一下如何切换角色造型。在一个游戏中设定的角色往往包含多个造型，以满足不同的需要，所以我们需要学习如何在程序中自如地切换不同造型。

　　如图 9-36 所示，默认的小猫角色有两个默认的造型，分别叫"造型 1"和"造型 2"。

图 9-36

在角色造型"外观"积木集中，我们看到切换造型的功能积木如图 9-37 所示：

这两个积木就是为了让我们可以方便地在脚本中切换显示不同的造型。

下面让我们试验一下。

我们的设计思路是，让小猫的两个造型反复切换，就像一个动画小猫在持续运动一样，脚本如图 9-38 所示。

图 9-37　　　　　　　　　　　　　　　　　图 9-38

在图 9-38 中，我们用到了之前章节讲过的循环功能，让小猫两个造型的切换持续循环下去，这样小猫的两个造型反复切换，就如图小猫在运动一样。点击小绿旗子开始执行程序，如图 9-39 所示。

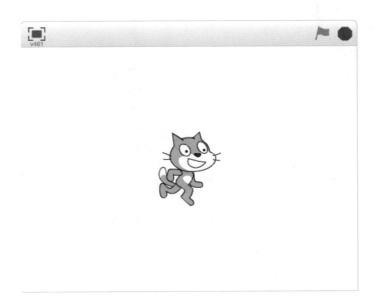

图 9-39

哇，好神奇，游戏中的动画就是这么做的吧？

原理差不多，这里只是简单地展现了动起来的视觉效果。

9.1.6 改变游戏角色的大小

本节我们来学习一下如何改变游戏中角色的大小。

因为各个角色都需要在舞台中以最合适的大小出现，所以调节角色造型的大小十分重要。不知道大家是否记得，之前章节中我们提到过一种初始修改角色造型大小的方法：打开角色造型页，用鼠标单击这个造型，这时在造型四周会出现几个小方块，用鼠标拖动它们就可以改变这个角色的大小，如图 9-40 所示。

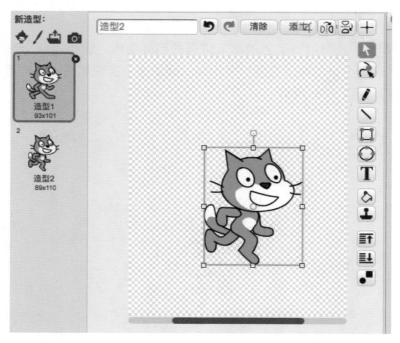

图 9-40

这种调整角色大小的方法对于初始化角色很有用，但是当角色在游戏运行中需要变化大小的时候就没有用了。如果角色在游戏程序中需要变化大小该怎么办呢？别着急，强大的 Scratch 2.0 给我们提供了专门改变造型大小的"外观"积木，可以实现这个需求。

打开 Scratch 的"外观"积木集。如图 9-41 所示，我们看到这两个功能积木可以支持随时按需要改变角色的大小。

下面我们举一个简单的例子，将当前小猫角色的大小增加 200，如图 9-42 所示。

图 9-41

图 9-42

运行一下试试。

小猫变得很大，如图 9-43 所示。

图 9-43

还有一种方法，就是直接设定造型的大小，这样更加精确一些，在程序中也用得更多，示例如图 9-44 所示。

图 9-44

9.2　开发游戏实例（*有教学视频）

学了这么多，我们已经认识到，Scratch 不是一门编码语言，它是一款图形化编程启蒙工具，可以实现非常多的小游戏设计。

制作游戏的基本理念和方法，相信你已经初步掌握了，本节中，我们来做两个游戏开发实例，来实践一下游戏制作本领。学习 Scratch 2.0 编程，做游戏的创造者、游戏规则的制定者，总之，你的游戏你做主！

> 哇，太棒了，我的游戏我做主！

> 对，大家循序渐进地掌握，就会越来越得心应手！

9.2.1 打地鼠的游戏

我想，你一定很熟悉打地鼠这个有趣的游戏，在游戏中，我们用锤子击打冒出地面的地鼠，想想真过瘾，这个游戏我们也可以用强大的 Scratch 2.0 做出来。

在制作这个游戏之前，我们先需要整理一下脑子里的思路。首先我们思考几个问题：

1）打地鼠的游戏里都有什么背景和角色？

首先要有一个土地的场景（程序的背景）；还要有地鼠和锤子（程序的角色）；还有游戏最后提示的小动物（这个可选）。

2）这些角色都要干什么呢？

地鼠从洞里面冒出来，锤子去砸地鼠（程序的事件）。

3）怎么知道地鼠从哪里冒出来呢？

谁都不知道，这是随机的（程序的算法）。

我们可以把很多不会同时出现的角色放在一个角色的不同造型里，这是一种优化的思路。

我们设计的这个打地鼠游戏的主要角色有两个，一个是锤子（包含 4 个造型：①没有打下去的锤子造型；②打下去的锤子造型；③最后达到一定分数提示成功的小动物造型；④最后没有达标的小动物造型），另一个是地鼠（包含两个造型：①没被打到的地鼠造型；②被打晕的地鼠造型）。

　　为了方便取材，我们可以手动画出两个锤子造型。

　　造型如图 9-45 和图 9-46 所示。

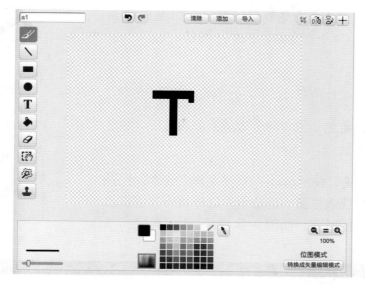

图 9-45

　　我们把图 9-45 中的锤子用鼠标选中后调整倾斜角度就可以很容易地得到另一个斜着的锤子造型，如图 9-46 所示。

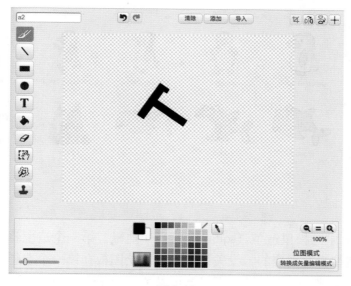

图 9-46

然后我们从"造型库"中选取两个小动物造型——小鸭子和小恐龙，分别代表 "最后达到一定分数提示成功的小动物造型" 和 "最后没有达标的小动物造型"。

这样角色 1 的 4 个造型就设计好了，如图 9-47 所示，我们分别将这 4 个造型的名字改为"a1""a2""a3""a4"。

现在我们来设计角色 2。

如上所述，角色 2 包含两个造型，分别是正常的地鼠和被打晕的地鼠。

幸运的是，我们在 Scratch 2.0"造型库"中的"动物"类里可以找到现成的松鼠头部造型，这样就节省了自己绘画或者找图片的时间，如图 9-48 所示。

图 9-47

图 9-48

选择图 9-48 中的松鼠造型（squirrel1）当作地鼠，第一个造型就完成了。第二个地鼠被打晕的造型没有现成的，没关系，我们用绘图板在第一个造型的基础上绘制，在头部加上 3 个椭圆，代表被锤子敲晕就可以了，如图 9-49 所示。

这样角色 2 的两个造型也设计完毕，如图 9-50 所示。

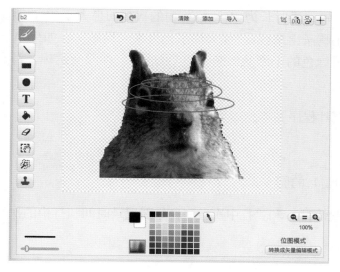

图 9-49

图 9-50

下面我们该设计一个游戏背景了。这个简单的打地鼠游戏只需要一个背景就够了，我们选择"背景库"中自带的一个海滩背景就可以了，然后地鼠会随机地从沙滩里冒上来，如图 9-51 所示。

图 9-51

好了，到此为止，游戏的背景和角色造型设置都已经完毕，接下来我们开始编写程序脚本了。

我们设定程序的逻辑为，每一局时长为 30 秒，打中的次数如果大于 25 次就成功达标，然后会有一只黄色的小鸭子出来说："你太棒了，再来一局吧"，如果小于 25 分就没有达标，这时会有一只绿色的小恐龙出来说："很遗憾，你没有达标，再来一局吧"。

根据这个逻辑，我们来设计程序脚本。

第一步

编辑角色 1（锤子和小动物）的脚本。

首先定义两个变量："倒计时"和"打中次数"，分别记录时间和打中的次数，如图 9-52 所示。

第二步

初始化变量和脚本。

我们首先把造型切换到 a1（默认的竖直的小锤子），把变量"打中次数"清零，把变量"倒计时"设置为 30 秒。

然后把小锤子造型摆放到屏幕偏左上角的位置，并发送一条广播"倒计时开始"，程序如图 9-53 所示。

图 9-52

图 9-53

第三步

在完成造型的初始化以后，我们设计第一个循环。

重复执行直到倒计时结束，在这段时间内，当鼠标点击时，自动把锤子移到鼠标点击位置的坐标，在鼠标点击 0.1 秒后，小锤子变为敲打的造型（a2），如图 9-54 所示。

第四步

第二步我们发送了一条内容为"倒计时开始"的广播，现在我们来定义接收到这条广播时执行的内容。

接收到广播"倒计时开始"后，我们开始执行倒计时的功能，每秒钟变量"倒计时"减少 1，直到它等于 0 为止，如图 9-55 所示。

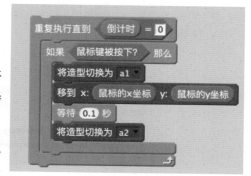

图 9-54

第五步

现在，我们来设计游戏结束后的逻辑判断程序。

当倒计时结束以后，我们把角色移到屏幕中间靠右的位置，如果打中的次数大于 25，那么按照设计，黄色的小鸭子出现并说出"恭喜你，打中：××"和"你太棒了，再来一次吧"，如果打中次数小于或等于 25，那么出现小恐龙并说出"很遗憾，才打中 ××"和"再来一次吧"，其中"××"是实际分数。程序如图 9-56 所示。

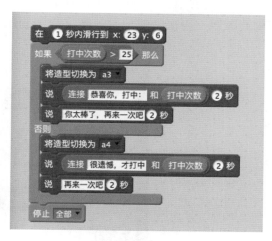

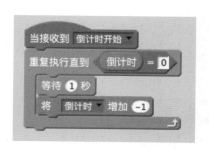

图 9-55

图 9-56

第六步

至此，针对角色 1 的程序就已经编写完成了。然后我们编写角色 2（地鼠）的程序。

首先初始化地鼠的大小为 30。

我的第一本编程书：玩转 Scratch

然后进入循环，让地鼠随机出现在屏幕上的某个位置，这里取随机数作为地鼠的 x 和 y 坐标，如图 9-57 所示。

图 9-57

第七步

这一步是关键部分，涉及用锤子打到小地鼠后的算法和策略。

在循环中，如果角色 1 的锤子造型碰到了角色 2 的地鼠造型，那么变量"打中次数"增加 1，同时将角色 2 的造型切换到 b2（被打晕的形象），并由角色说出"哎呦，好痛"。

随后被打中的小地鼠自动隐藏，在距离锤子 30 以外等待 1 ～ 2 秒再次出现，这样设计是为了防止地鼠再次随机出现的时候距离锤子太近直接算作被打中了。当倒计时结束的时候，再次隐藏地鼠造型。程序如图 9-58 所示。

图 9-58

到现在为止，两个角色的脚本都已经完毕，我们再来总结一下这个打地鼠游戏的程序设计。

其中，角色 1 的程序如图 9-59 所示，角色 2 的程序如图 9-60 所示。

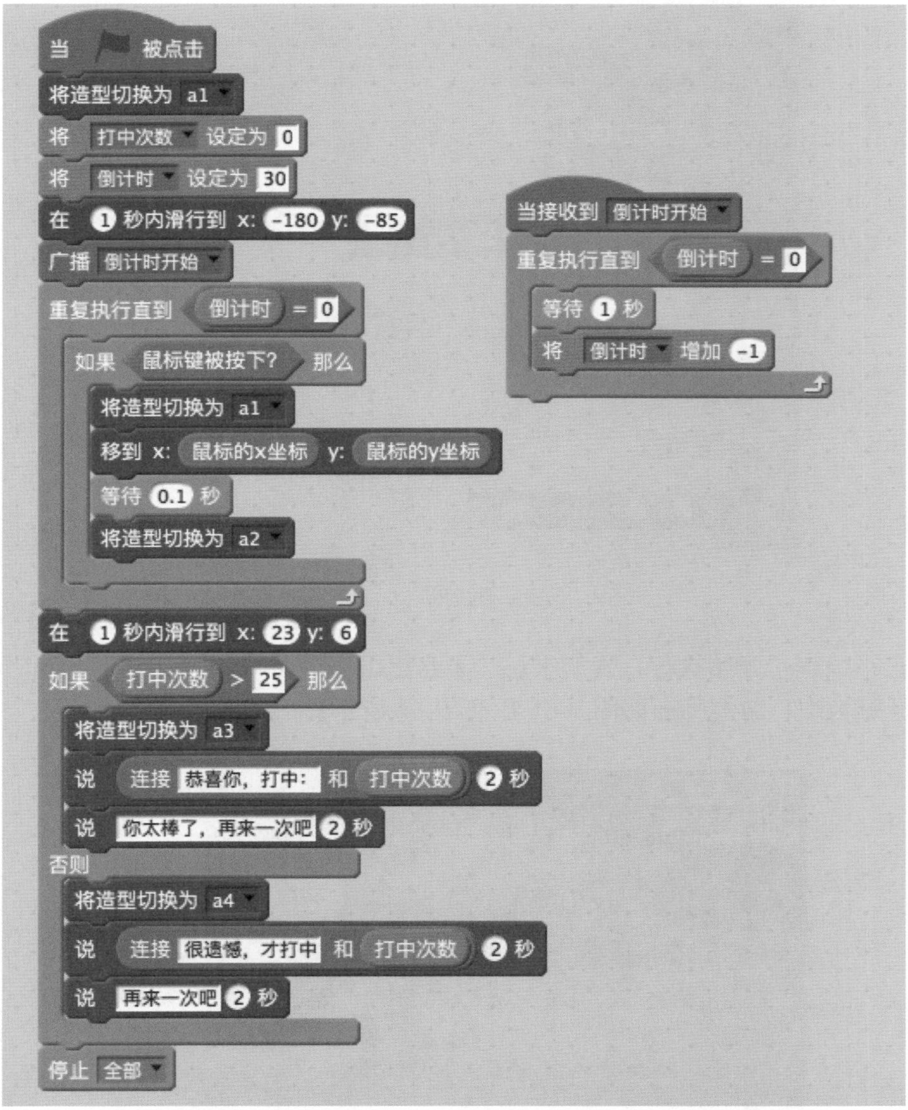

图 9-59

图 9-60

点击小绿旗子开始执行，我们来玩一下自己编写的游戏，感受一下 Scratch 2.0 的游戏设计魅力吧！游戏画面如图 9-61 和 图 9-62 所示。

图 9-61

134

图 9-62

太有意思了，真好玩！

我的分最高，按得我手指都疼。

玩自己编写的游戏，你们会觉得更开心！

9.2.2　大鱼吃小鱼的游戏（*有教学视频）

我们再来介绍一个经典游戏——大鱼吃小鱼的制作方法。

老师我知道，大鱼吃小鱼，小鱼吃虾米！

哈哈，对，意思就是大的要吃掉小的。

很多人都玩过大鱼吃小鱼的游戏，规则是控制大鱼追逐小鱼和吃掉小鱼，这里我们要制作的游戏简化了操作过程，让大鱼、小鱼都随机自由游动，如果碰到就由大鱼吃掉小鱼。

制作这个游戏之前，我们先整理一下脑子里的思路。首先我们思考几个问题。

1）大鱼吃小鱼的游戏里都有什么背景和角色？

首先要有一个水里的背景（程序的背景），还要有大鱼和小鱼（程序的角色）。

2）那这些角色们都在干什么呢？

大鱼和小鱼随机游动，如果碰到就由大鱼吃掉小鱼（程序的事件）。

3）大鱼和小鱼的游动轨迹是什么？可操作吗？

这是个简单的游戏，不可操作，大鱼和小鱼随机游动（程序的算法）。

根据上面的思路，这个大鱼吃小鱼游戏的主要角色有两个，一个是大鱼（为了更加生动，它的嘴需要一张一合，所以包含两个造型：①闭上嘴的大鱼；②张开嘴的大鱼），另一个是小鱼（同样，小鱼也需要设计两个造型：①正常的小鱼；②眼睛和嘴不一样的小鱼）。

为了方便取材，我们可以直接从"造型库"里找到鱼的造型。鱼的各种造型如图9-63 所示。

我们分别从中选择"fish2"和"fish3"作为小鱼和大鱼的造型。

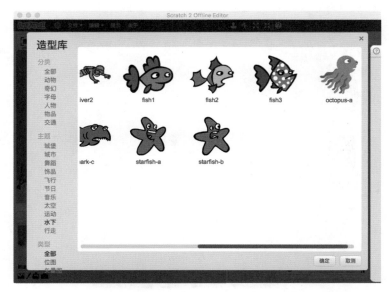

图 9-63

　　然后我们把鱼的形象稍微改一下，做出不同的造型，这样在水中游泳的鱼就显得更加生动，如图 9-64 和 图 9-65 所示。

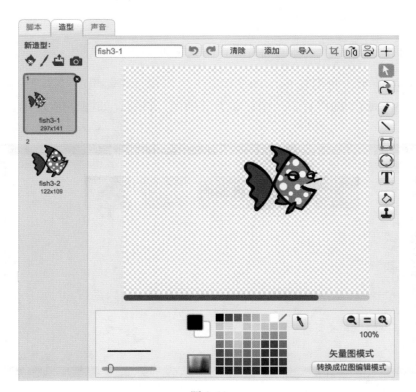

图 9-64

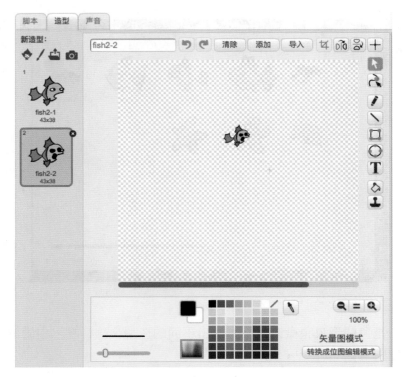

图 9-65

接着，我们选择一个合适的图片当作游戏背景。

如图 9-66 所示，我们在 Scratch 2.0 提供的"背景库"里的"水下"类别里找到名为"underwater3"的图片，选中后单击"确定"按钮，如图 9-66 所示。

图 9-66

这样我们就准备好了大鱼吃小鱼所需要用的背景和角色造型，如图 9-67 所示。

图 9-67

接下来就可以开始编写我们的程序了。

我们设定程序的逻辑为，让大鱼和小鱼在水中自由地游动，就是说沿着随机变化的轨迹游动，一旦大鱼碰到小鱼，小鱼就消失（被吃掉了），过一段时间后新的小鱼再次出现，继续之前的规则。

我们就根据这个逻辑来设计程序。

第一步

首先，我们来设计大鱼的程序。要保证大鱼在水中生动地游动，就要每隔一段时间切换一次大鱼造型（张嘴和闭嘴的造型），让大鱼的嘴看起来一张一合。我们控制切换时间为 0.3 秒，如图 9-68 所示。

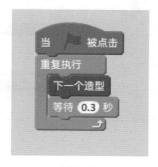

图 9-68

第二步

接下来，我们来编写控制大鱼游泳轨迹的程序。另起一段。由于大鱼是不会被吃掉的，所以在舞台上横冲直撞，除非碰到边缘后反弹并转向，这样我们的程序就如图 9-69 所示。

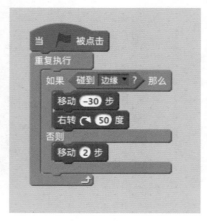

图 9-69

第三步

我们设计好大鱼的程序，下面就该设计小鱼的程序了。小鱼和大鱼除了大小上的区别，在逻辑上最关键的区别是：如果小鱼碰到了大鱼，那么小鱼将会被吃掉（隐藏），然后在一定时间后再出现一条新的小鱼。程序设计如图 9-70 所示。

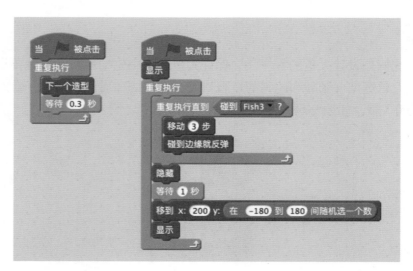

图 9-70

这样，大鱼吃小鱼的游戏我们就完成了，点击一下小绿旗子开始执行。

如图 9-71 所示，大鱼和小鱼的游戏逻辑成功实现了。

图 9-71

第 10 章　让小小程序变得更好
——尝试改进和优化 Scratch 程序

前几章我们已经学会了 Scratch 2.0 的很多功能，相信大家已经会编写自己的小程序了，在讲解更复杂的知识点之前，我们先在本章学习一下如何改进和优化你的 Scratch 2.0 小程序。

10.1　找出程序的错误

我们知道，在 Scratch 2.0 中，左侧的舞台会实时反映右侧的脚本执行结果。有时候难免会出现脚本没有按照我们的想象运行的情况，这就要用到代码调试了，也就是找代码中的问题（bug）。

下面讲解一些简单的基本调试方法。

我们在遇到问题的时候，可以先运用二分法来排除有问题的积木，即先运行一部分积木，当我们不知道哪一个积木出问题的时候，可以先将一半积木从脚本中去除，再试着运行剩下的脚本积木，没有问题后，就再检查其他的积木。通过对各部分一一排查的方式，就会将有问题的积木找出来。

老师，什么叫二分法啊？

它是一种数学科学方法，你们现在只需要将它理解为一分为二的方法。

在编程过程中，除一些特殊的设计需求以外，一定要将变量数据在舞台上展现出来，这样可以便于我们观察程序运行过程中各个变量值的变化以确定这些数据的变化是否符合我们的预期，如图 10-1 所示。

图 10-1

用"说"积木来调试，以观察脚本分支。

当我们的程序分支很多、逻辑很复杂的时候，一旦发生错误，就很难判断出错误在哪里，程序是否按照我们的预期运行到正确的逻辑分支里。

我们可以在每个分支里加一个"说"积木。"说"积木的内容可以是自定义的内容，这样在程序运行的时候，我们就可以通过观察角色说的内容来判断程序是否运行到我们预期的分支里面。

这个方法也常用在高级编程语言调试中，用打印命令来实现，通过编译器报出的信息来判断程序是否走到目标分支，如图 10-2 所示。

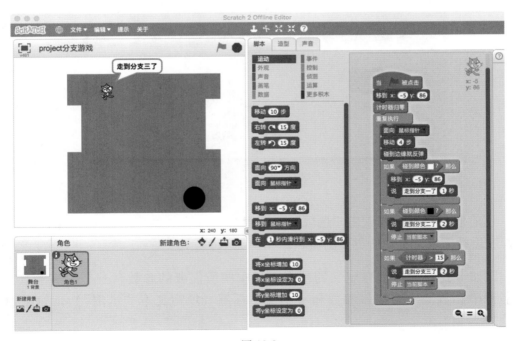

图 10-2

10.2 通过"过程"来优化脚本

10.2.1 创建一个小小功能块

在程序设计过程中，有时候需要实现一个比较复杂的逻辑，用现有的功能块实现会比较困难，并且程序可能会比较臃肿且不直观，这时候我们需要创建一个新的功能块来实现。

我们来看一下如何创建功能块。

首先，打开 Scratch 2.0 主界面，在积木集里，选择"更多积木"并点击按钮"制作新的积木"，如图 10-3 所示。

图 10-3

这时候，我们需要点击"选项"来编辑这个新的积木，这个自定义的积木要符合程序设计需求，实现所需要的逻辑，如图 10-4 所示。

比如，我们为这个自定义的积木添加一些所需要的参数，一个数字参数、一个字符串参数、一个布尔参数和一个文本标签（填写文本"示例"），如图 10-5 所示。

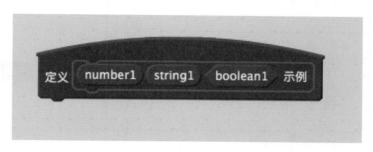

| 图 10-4 | 图 10-5 |

然后点击"确定"按钮。

这时，脚本区就会出现一个自定义程序头，如图 10-6 所示。

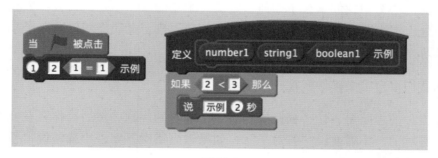

图 10-6

接下来，我们可以把具体的实现程序写在这个自定义积木的大框下面。

写完后，在主程序中调用这个积木就可以实现这个自定义功能。程序如图 10-7 所示。

图 10-7

这时点击小绿色旗子，也就自动调用了刚刚自定义的积木模块，角色将按照执行逻辑说出"示例"，如图 10-8 所示。

图 10-8

10.2.2　使用自定义功能块来创建一个小小过程

老师，自定义有什么用啊？

是啊，看起来不但没简化，反而更复杂了

别急，这个作用可大了，本节我们来看看它们的具体用途。

从上面的小节中我们学会了如何自定义一个功能块，但是估计很多人还不懂得它的具体用处。本小节我们举一个具体的例子，利用自定义功能块创建一个小小过程，来深入学习一下自定义功能块的用法。

下面我们用自定义模块实现一个加法问答。

程序设计的思路是，让小猫问操作者一个加法的问题，然后操作者在文本框中回答，如果答对了，小猫就说"答对了"，如果输入错误答案，小猫就说"答错了"，不管答对还是答错，连问 3 次。

我们如果按照普通方式设计程序，那么将会用比较复杂的过程来处理加法计算逻辑。因此，我们选用自定义积木模块，直接把加法的算法实现加入自定义模块里，然后在主程序中让自定义模块的执行过程循环 3 次。这样就可以比较容易地实现我们的程序设计了。

第一步

添加自定义模块，添加的参数依次为文本标签、数字、字符串和数字，如图 10-9 所示。

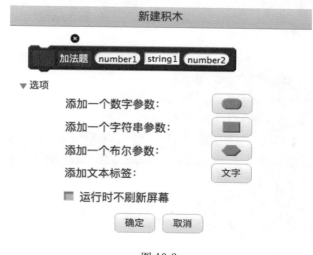

图 10-9

第二步

编写主程序，按照设计思路，重复执行 3 次自定义积木，在参数中，我们随机从 1 ~ 50 之间选取两个数相加，如图 10-10 所示。

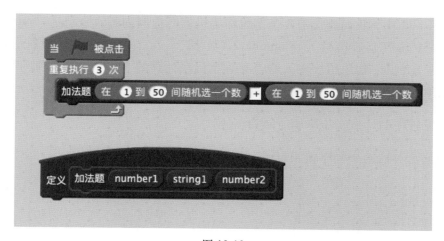

图 10-10

第三步

接下来，我们来设计自定义模块中的实现过程。程序如图 10-11 所示。

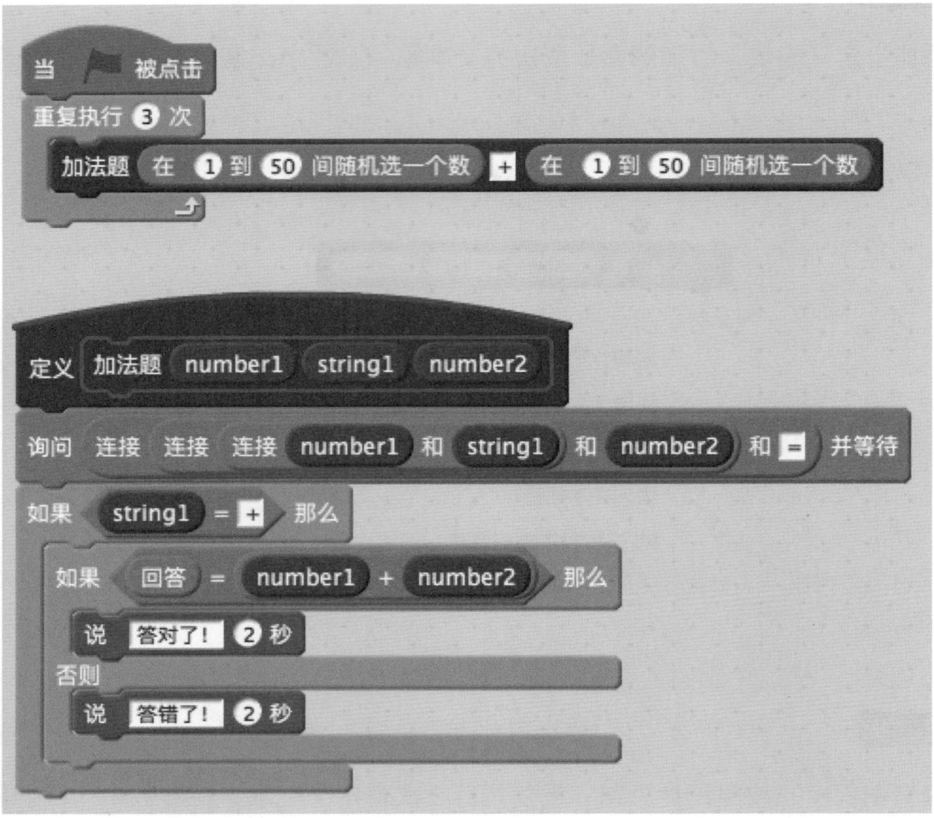

图 10-11

在图 10-11 中，我们连接了 4 个字段作为机器的提问内容，分别是 "number1（数字一）""string1（运算符号）""number2（数字二）""="。如果运算符号是 "+"，再进入下一步判断：如果用户输入的答案等于程序计算的"数字一"与"数字二"的和，那么就让角色说："答对了！"否则就让角色说："答错了！"

编写完程序后，点击小绿旗子运行一下。

一个加法对话的小程序就实现了，如图 10-12 和 图 10-13 所示。

图 10-12

图 10-13

看懂了吗？以上就是通过自定义功能块实现的加法问答程序，我们多加练习就能熟练掌握了。

10.3 用一个个注释增加程序的清晰度

大家知道注释是什么意思吗？

不知道。

注释就是在你的程序里加上文字解释，让程序更易懂。

10.3.1 为什么要给程序增加注释呢

如果一段代码很复杂，要想一边写程序一边让自己的思路清晰，并能随时看清之前的编写思路，或者想让不熟悉你的程序的人快速看懂它，那么最简单的方法就是给程序增加注释。

⚡ 请注意：增加任何注释都不会对程序本身的运行和结果产生丝毫影响。

10.3.2 增加注释的方法

首先，我们写完一段程序后，用鼠标右键单击想要增加注释的积木，选择"添加注释"命令，如图 10-14 所示。

然后，在打开的输入框里填写想要添加的注释，例如"这里进入循环"，如图 10-15 所示。

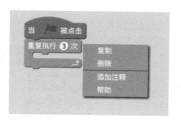

图 10-14

图 10-15

一条注释就这样加好了，这里举的例子是很简单的程序，如果程序复杂，有注释的话就很容易看懂了，如图 10-16 所示。

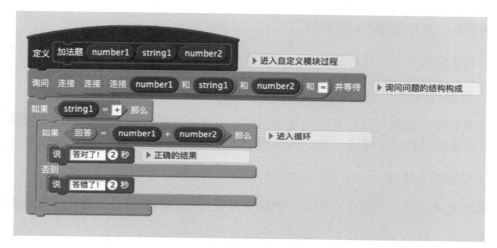

图 10-16

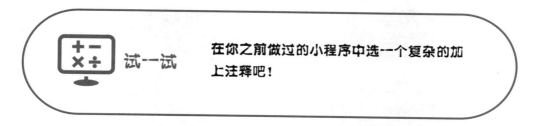

试一试　在你之前做过的小程序中选一个复杂的加上注释吧！

10.4　使用"克隆"简化项目并减小项目的大小

本节我们要学习如何使用克隆功能。我们都知道克隆的意思，就是完全复制一个角色。也就是说当克隆发生的那一刻，克隆体就会继承原角色的所有属性状态，包括当前位置、方向、造型和效果等。

下面我们来认识一下"克隆"积木，通过在程序中设定位置、大小及方向的方式都可以感受到完全复制的意思。

首先打开 Scratch 2.0 中黄色的"控制"积木集，发现 3 个黄色积木块，如图 10-17 所示。

我们来看一下这 3 个积木的含义。

图 10-17

※ 当作为克隆体启动时

它的含义是当我们制作一个克隆体时，可以分出一个函数，这个积木作为分出函数的起始积木。

比如，我们设计一个场景，首先克隆一个角色（复制），然后让那个克隆的角色持续的旋转，程序如图 10-18 所示。

点击小绿旗子开始执行程序后，克隆的角色就在旋转。

※ 克隆 ××

这个积木功能就是执行克隆角色的动作。点击黑色的小三角，可以选择克隆"自己"或者克隆其他某个角色。执行后，就会在舞台上复制出一个一模一样的角色。

※ 删除本克隆体

顾名思义，第 3 个黄色小积木"删除本克隆体"的功能就是把克隆的角色删掉。

在刚刚示例的小程序中加上删除克隆体的积木，如图 10-19 所示。

图 10-18

图 10-19

执行后，就会在旋转之后删掉克隆出来的角色，这个功能在游戏设计中用得很多。

在程序设计中，巧用克隆功能，能够简化我们的脚本，有时候会达到事半功倍的效果下面我们来学习一下，如何巧用克隆功能来实现比较复杂的程序。

我们来设计一个比较简单的动画程序。通过这个程序，我们不再需要一笔一笔地画画，而是可以把角色定义成一个可复制的动画素材，然后克隆成为一个美丽的图案。

第一步

我们首先创造一个角色图案。自己画成一个椭圆，如图 10-20 所示。

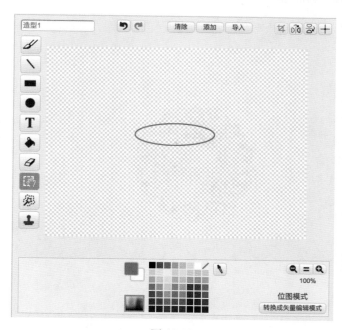

图 10-20

第二步

然后进行脚本设计。我们的设计很简单，重复地旋转角度并克隆这个角色。

需要注意的是，我们重复循环 100 次是因为要给克隆加上一个限制，不能无限地克隆下去，否则会造成持续使用内存而无法停止，如图 10-21 所示。

图 10-21

第三步

完成程序后，点击小绿旗子开始执行，一个美丽的图案就通过克隆制作出来了，效果如图 10-22 所示。

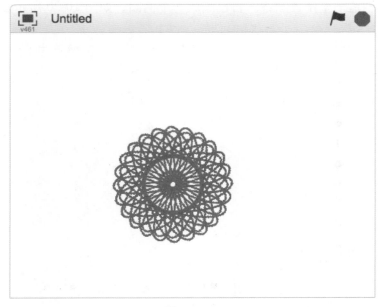

图 10-22

总结

通过本章的学习，我们对 Scratch 2.0 的自定义功能块、注释和克隆功能有了比较详细和系统的了解，熟悉了这些功能，就能让你的 Scratch 程序得到进一步的改进和简化。

第11章　要存储的内容太多了该怎么办
——列表的概念与应用

本章我们要学习列表的功能和用法。

计算机术语中的链表在 Scratch 里被翻译成"列表"，它是一组变量的体现，相当于一个队列，通常用于同类变量组。

Steven 老师，我还是没太明白。

嗯，通过下面的小节很快就懂了。

11.1　列表的定义和作用

11.1.1　什么是列表

在之前的章节中，我们学习了变量的功能和使用方法我们都知道一个变量可以存储一个值，但是要存储一系列的值该怎么办呢？ 比如好友的电话号码，如果我有 200个好友，就需要 200 个变量，那岂不是很不方便。本章我们来介绍列表。列表是可以存放很多变量的数组，它就像一个有很多层抽屉的柜子，每一层都有索引，根据索引就可以找到你需要的值。

举个例子吧，比如超市卖很多种水果，有橘子、香蕉、苹果……这些就可以看成一组变量，因为都是水果，所以可以放在一个列表里。 再比如今天是星期几？周一到周日，7 个变量，也可以看成有关周几的一组变量。

这样的例子很多很多，比如：学校都有哪些老师？家里有哪些成员？这些都可以看成一组组变量，也就是一个个列表。

11.1.2 列表的几种类型

列表的创建方法和变量一样，在 Scratch 2.0 的"数据"积木集中点击相应按钮即可。列表也分为局部访问和全局访问，也就是"仅适用于当前角色"和"适用于全部角色"。打开 Scratch 2.0 的"数据"积木集，点击"新建一个列表"，打开"新建列表"对话框，如图 11-1 所示，然后就可以输入列表名称，并选择列表的类型。

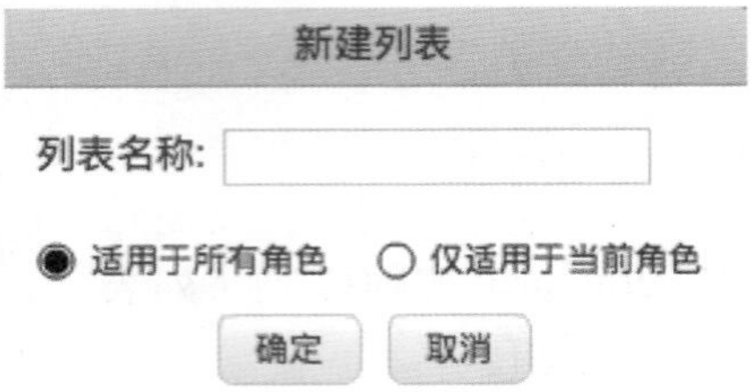

图 11-1

可以看出，"仅适用于当前角色"就是指只有当前角色可以使用这个列表，"适用于所有角色"意味着所有的角色都可以使用这个列表。

随后，输入列表名称"test"，点击"确定"选项，就可以创建一个名称为"test"的空列表，如图 11-2 所示。

图 11-2

同时，在舞台区域的左上角，也会出现"test"列表，如图 11-3 所示。

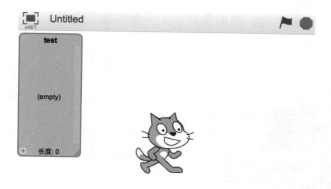

图 11-3

　　这样一个空的列表就创建完成了。下一小节，我们来学习一下如何对列表进行应用和操作。

11.1.3　列表在 Scratch 程序中的应用

　　本小节，我们将学习列表在 Scratch 2.0 中的应用。

　　我们先来看一下列表的指令集。

　　图 11-4 中的图标是新建空列表"test"的全部指令积木集合。

图 11-4

我的第一本编程书：玩转 Scratch

把部分积木放在脚本区，再加上我们上一章学过的注释，每个积木的用途一目了然，如图 11-5 所示。

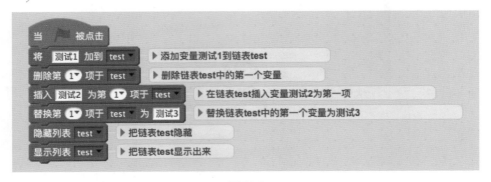

图 11-5

点击小绿旗子开始执行这段程序，猜猜会发生什么？

在执行之前我们先来分析一下每一行程序实现的功能。

程序脚本运行经过如下几个步骤：

添加"测试 1"→ 删除"测试 1"→ 添加"测试 2"→替换"测试 2"为"测试 3"→ 隐藏 →显示。

经过分析，在程序执行完毕后，列表中应该只剩下一个变量"测试 3"。

点击小绿旗子验证一下我们的分析结果。

如图 11-6 所示，果然只剩下一个变量"测试 3"。

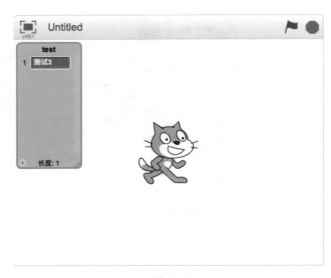

图 11-6

还剩下 3 个没有放在脚本区中介绍的功能积木，如图 11-7 所示。

这 3 个列表相关的功能积木不能作为单独的积木摆放，而是必须结合其他逻辑条件判断的积木一起使用。

举例如图 11-8 所示。

图 11-7

图 11-8

我们设计一段程序。先建立一个空的列表"test"。

首先，把变量"测试 1"和"测试 2"加入到列表"test"里。

然后进行条件判断，如果列表"test"里的变量包含"测试 2"，那么角色思考"有测试 2"。

从上述解析中我们知道，显然变量"测试 2"已经被加入了列表"test"，所以条件判断成立，角色会产生思考，如图 11-9 所示。

X: 240 y: -180

图 11-9

我们再设计一段小程序来学习一下另外两个积木的使用方法。程序如图 11-10 所示。

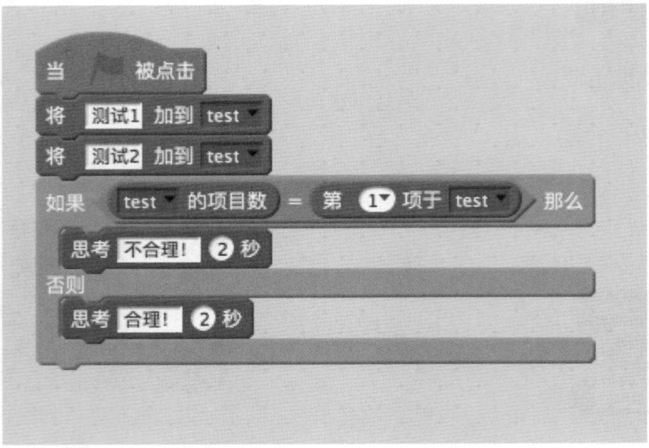

图 11-10

先建立一个空的列表"test"。

首先，把变量"测试 1"和"测试 2"加入列表"test"中。

然后进行条件判断，如果列表"test"的项目数（这时候应该是 2）等于列表"test"的第 1 项，那么角色思考"不合理！"，否则思考"合理！"。

从上述解析中我们知道，列表"test"的项目数和它的第 1 项显然是不相等的，所以条件判断不成立，角色会产生思考"合理"，如图 11-11 所示。

图 11-11

有些列表特别大，包含成百上千的没有规律的元素和变量，手动添加很不方便。除了以上用积木块添加列表的方法以外，Scratch 2.0 的列表也支持文件导入的功能，需要时把要导入的变量按照竖列复制在文本文件上，然后右键单击位于舞台区的列表并选择"导入"命令（见图 11-12），最后选择文本文件并确定就导入成功了。

图 11-12

通过本节的学习，我们已经掌握了列表各个功能模块的基本用法，多加练习，对列表的使用会越来越得心应手。

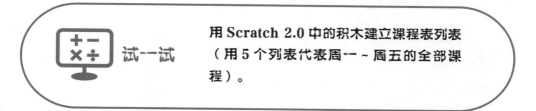

试一试　　用 Scratch 2.0 中的积木建立课程表列表（用 5 个列表代表周一～周五的全部课程）。

11.2　列表的应用实例

本节中，我们来学习一下列表的具体应用实例。

在 Scratch 2.0 编程过程中，列表中数据的获取、存储和输出是非常重要和关键的步骤。其中实例化设计中列表的应用是一个比较有难度的应用领域。

通过本节实例的学习，我们可以理解 Scratch 中运用列表实现数据获取、存储及输出的方法，让我们真正体会和学习一些比较抽象的编程思想。

11.2.1　用节拍和音符列表弹奏乐器

下面举一个之前用到的例子，还记得在第 4 章我们当小音乐家演奏《小星星》曲目的例子吗？本节将用列表设计《小星星》旋律的音符和节拍，然后用 Scratch 2.0 的钢琴效果演奏。之前我们关注的只是演奏的脚本，现在我们系统地学习了列表的功能，让我们来再看一下这段程序。

首先，程序开始就定义了两个列表，分别是"节拍"和"音符"，如图 11-13 所示。

然后，我们通过记事本文件，定义了包含 28 行的拍子和音符文件，如图 11-14 所示。

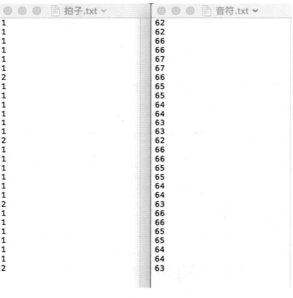

图 11-13　　　　　　　　　　　图 11-14

接着，我们通过上一节学过的知识，把两个 txt 文本文件（"音符"和"拍子"）导入列表"音符"和"节拍"中，如图 11-15 所示。

这样，我们就使用列表功能把《小星星》曲目的音符和节拍定义在了程序中，最后直接按照列表的方式逐条演奏就可以了。

图 11-15

程序脚本设计如图 11-16 所示。

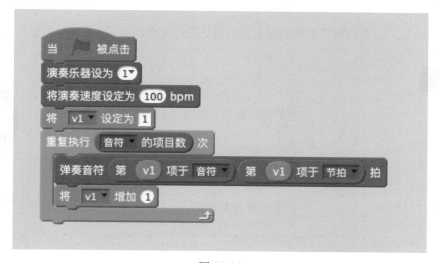

图 11-16

　　点击小绿旗子开始执行程序，Scratch 2.0 会按照列表的顺序逐条演奏出声音（演奏到哪个列表项，哪一项就会变成黄色），连起来就凑成一首歌曲，如图 11-17 所示，这就是列表的应用。

图 11-17

11.2.2　假期去哪儿（*有教学视频）

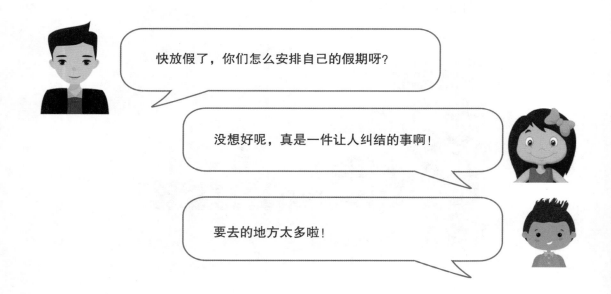

下面我们举一个列表的应用实例——假期去哪儿？

放假前我们对自己的安排往往徘徊不定，有很多有趣的想法。

把这些想法都汇总到一个列表中去，让角色去反复思考，也是一个很有意思的创作呢。

第一步

我们打开 Scratch 2.0，再打开"数据"积木集，建立一个列表"idea"，如图 11-18 所示。

图 11-18

然后手动在列表"idea"中输入一些想法（可根据自己的实际情况编写）。

第二步

建立一个人物角色，从"角色库"里选择"人物"分类，再选择第一排的人物角色"Anna"，如图 11-19 所示。

图 11-19

选择人物角色 Anna 后，打开 Anna 的造型，我们发现 Anna 有两个造型。在两个造型之间切换更能表现出角色的思考生动性，如图 11-20 所示。

图 11-20

在选择好合适的角色后，再选择一个合适的场景。因为是天马行空的思考，所以我们对背景没有特别的要求，任何一个自己喜欢的好看的背景都可以。

第三步

开始编辑角色的脚本。首先按照顺序思考两项内容："马上就放假了"；"我到底要怎么计划我的假期呢？"，如图 11-21 所示。

图 11-21

第四步

在第一步中已经提到，我们需要按照自己的实际情况手动编辑列表"idea"中的思考内容。

例如图 11-22 所示的想法（每个人的想法不同，不用照抄，这里只是举个例子）。

现在准备好这些列表项后，我们继续编辑主程序，进入循环。

在循环中，循环次数为 10 次，也就是思考 10 次，每次思考完还需要移动角色并切换造型，这么设计的目的是让角色一边运动一边思考从而显得更加生动。设计如图 11-23 所示。

图 11-22

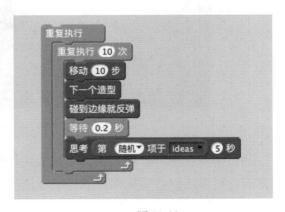

图 11-23

我的第一本编程书：玩转 Scratch

这样，我们设计的程序就完成了，如图 11-24 所示。

图 11-24

点击小绿旗子开始执行程序，让角色开始思考吧！效果如图 11-25 所示。

图 11-25

好了，通过本章的学习，我们掌握了列表的功能和编程应用，通过学习列表的应用逻辑和方式，可以进一步窥探编程的思维和技巧。

截至目前，Scratch 2.0 的全部功能和应用基本都讲解完了，当然，强大的 Scratch 2.0

所能创作的东西远远不止本书介绍的这些内容和示例，认真学习并充分地扩宽思路，你就可以创作出更多丰富多彩的应用程序。

同学们，我们的 Scratch 2.0 课程到这里就告一段落了，我们再见了！

老师，好舍不得啊，呜呜。

Steven 老师，以后我们学什么啊？

学完这些只是一个起点，之后就要靠你们的创作思路和想象力在编程的海洋里扬帆破浪！

我们一起加油！

第 12 章　用 Scratch 连接硬件
——硬件连接及其实现

　　Scratch 2.0 不仅支持纯软件的编程，还可以通过连接硬件进行硬件控制的编程，目前市场上有不少基于 Scratch 2.0 开发的电路板，目的是实现 Scratch 软件的硬件控制，这也就是机器人编程的概念。

12.1　什么是 S4A

　　在 Scratch 2.0 连接硬件的开发模型中，其中比较经典的一款是 S4A，它的全称是 Scratch for Arduino。S4A 是使 Arduino 开源硬件平台能够简单编程的 Scratch 修改版。S4A 中提供了一系列新的传感器模块与输出模块，通过它们可以连接到 Arduino 控制器。

　　S4A 由西班牙的 Citilab 团队在 Scratch 基础上开发而成，具有较强的趣味性。Scratch 和 Arduino 易学易用的开发理念，使 S4A 成为中小学生实现软件和硬件相结合进行互动设计的最佳工具之一。S4A 可以将学科知识、生活知识与实例相结合，由浅入深，通过完成一系列有趣的实例制作，能够使学习者掌握编程及相关硬件的知识，激发他们的学习兴趣。

12.2　什么是 Arduino

　　Arduino 是一个通过软件来控制硬件的开发平台，它拥有几大优点。

※ 支持跨主流平台

Arduino IDE 可以在 Windows、MacOS 和 Linux 三大主流操作系统上运行，而其他类似的控制器大多数只能在 Windows 上使用。

※ 简单清晰的开发

Arduino IDE 基于 Processing IDE 开发，对广大青少年初学者来说极易掌握，同时有着足够的灵活性，非常适合青少年学习软硬件结合开发时使用。

※ 开源性

Arduino 的核心文件都是开源的，在各个第三方网站上都可以很容易地获取和编辑，只要有相关的技术，在开源协议范围内可以任意修改原始设计及相应代码。正因为开源性高，Arduino 有着众多的开发者和粉丝，用户可以在 Github、Arduino.cc 和 Openjumper 等网站上找到 Arduino 的各种支持，从而更好地扩展其 Arduino 项目。

S4A 软件，可到官网下载，网址为 http://s4a.cat/。

后　记

终于写完了这本书，写一本教科书真的很辛苦，不但要展示充足的知识和技能，还要把自己的亲身感受和经历写出来，并且还要尽可能地把概念和思路掰开、揉碎呈现给读者，让读者尽可能地感受到作者温暖的心意和殷切的期望。不过，虽然辛苦，能把自己的知识能量贡献出来，我是幸运的，也是幸福的。写书时心中一直满怀正能量，有时候一边写书一边想起 Scratch 教学的时候，孩子们天真无邪的提问和天马行空的思考，想到他们学到知识时满足的表情，不禁莞尔，心中的成就感和自豪感溢于言表。

想起这几年，我在做教育培训的同时，一直没有离开互联网、大数据和人工智能行业的一线，虽然辛苦，但是这样才能与行业前沿保持密切联系，更有利于教学工作的开展。

一眨眼我硕士毕业回国就业也 14 年了，从懵懂无知的毕业生，到历尽百态的资深人士，其间也换了不少工作，有时候不禁感慨时光荏苒，岁月如梭。这十几年我也看到了时代的飞速发展，尤其是近几年，中国企业的发展和价值创造比任何时代都迅猛，很多企业已经到了世界行业的前沿，为我国在国际上的科技地位带来了良好的声誉。当然，世界的经济需要中国的快速发展，中国更需要自身的快速发展赶上世界强国，但是过快的发展也会带来一些问题，很多知识技能并没有沉淀很深就已经被淘汰，很多行业也有不少的泡沫，很多一线行业的从业者也很迷茫焦虑，这个时代带给我们很多未知，未知的行业前景、未知的个人发展，等等。这个"神奇"的时代是上一代人所想象不到的时代。今后的数十年各个行业仍然会保持快速发展和交替，那么我们的下一代会面临什么样的情况呢？什么样的教育环境能让我们的下一代进入大浪淘沙的社会之前获得更好的环境熏陶和技能准备？这都是教育工作者和家长们都需要持续思考的问题。少年强则中国强，一个国家的未来也依赖于少年的素质。我们都有一个中国梦，相信当代的教育从业者都会持续持之以恒地为之奋斗。

李尤

写于北京市海淀区